実践データ・ハンドリング
実務者のためのS言語入門

稲葉弥一郎・渡辺裕治　著

サイエンティスト社

はじめに

　今まで、データ解析パッケージを使うにあたって、マニュアルや市販の本を頼りにしながら苦労してプログラムを書いてきました。マニュアルや市販の本は、解析手法の説明や手法に対応した命令の説明を詳しく書いており、統計の勉強には非常に参考になるのですが、残念ながら格調が高すぎて学ぶのに時間がかかりました。とりあえずパッケージを使いたいという者にとっては敷居が高すぎるのです。まず初めにパッケージを使うにも、データ・ハンドリング（データ加工）技術がないと何もできないことがままありました。

　このようなことを回避するために、データ・ハンドリングを中心としたマニュアルを探したこともありましたが、見つかりませんでした。

　この本は、今まで色々なデータ解析パッケージを使ってきた経験を基に、どのようなデータ・ハンドリングができればパッケージを使いこなせるかを考えて、データ・ハンドリングの基本的なことを中心にまとめてみました。他にも上手な方法があるかもしれませんが、とりあえずデータ解析パッケージを使えるレベルになるための入門書として利用していただければと思っています。

　S-PLUSの最新バージョンでの検証をしていただいた株式会社数理システムの皆さまに深くお礼申し上げます。

目次

第1章 S-PLUS使用上の基本

第1節 環境設定および基本的な使い方 008
- 1.1.1 起動・停止 008
- 1.1.2 環境 008
- 1.1.3 S-PLUSのショートカットの作成方法 009
- 1.1.4 Sプログラムの実行 011
- 1.1.5 help 013
- 1.1.6 オブジェクト 014
- 1.1.7 テキストファイル出力 015
- 1.1.8 グラフィック出力 015
- 1.1.9 オブジェクト名 016
- 1.1.10 S-PLUSの演算子 016

第2章 データの変換と加工

第1節 テキストデータの読み込み 018
- 2.1.1 セパレータ(,)テキストファイルの読み込み 018
- 2.1.2 固定長テキストファイルの読み込み 020
- 2.1.3 ソースプログラムへのデータの埋め込み 022

第2節 データの単純結合 025
- 2.2.1 データの単純横結合 025
- 2.2.2 データの単純縦結合 027

第3節 データの並び替え(ソート) 029
- 2.3.1 キーのみの並べ替え(ソート) 029
- 2.3.2 キー順のデータ順序(インデックス)の求め方 030
- 2.3.3 キー順のデータの並び替え方 031

第4節 データのキーでの結合(キーマッチング&マージ) 033
- 2.4.1 結合(マッチング)する各データにすべてのキーがある場合
  (行数が等しくキーのデータは1つしか存在しない場合) 033
- 2.4.2 結合(マッチング)する各データに歯抜けのキーがある場合
  (複数のデータにキーが分散している場合) 035

第5節 データの抽出・削除・未入力化 040
- 2.5.1 複数項目(複数列)の抽出1 040
- 2.5.2 複数項目(複数列)の抽出2 042
- 2.5.3 特定条件の行抽出 044
- 2.5.4 特定条件の行削除 046
- 2.5.5 特定条件の項目の未入力化 049

第6節 複数回答項目のデータ処理 055
- 2.6.1 複数回答項目データの縦のばし処理(data.frame用) 055
- 2.6.2 複数回答項目データの指定位置の抽出処理 059

第7節 データのカテゴライズ&文字表示 061
- 2.7.1 カテゴリカルデータの名称表示データの作成 061
- 2.7.2 ある項目から新規にカテゴリカル項目を作成する方法 065

第8節　データへの新規項目の追加　072
2.8.1　2項目間計算結果のデータへの追加　072
第9節　層別処理の手法　074
2.9.1　ある特定項目での一階層の層別処理　074
第10節　クロス集計結果からのデータ作成　077
2.10.1　クロス集計結果からのデータ作成1　077
2.10.2　クロス集計結果からのデータ作成2　082
2.10.3　クロス集計結果からのデータ作成の関数化　087
第11節　データのダンプ　089
2.11.1　画面表示　090
2.11.2　ファイルへのダンプ1（単純出力）　090
2.11.3　ファイルへのダンプ2（項目表示順の入れ替え）　092
2.11.4　ファイルへのダンプ3（必要項目の表示順の入れ替え）　094
2.11.5　ファイルへのダンプ4（必要項目の表示順の入れ替え、コードデータの文字表示）　096
第12節　テキストファイルへのデータ出力　099
2.12.1　可変長CSV（セパレータがスペース）によるデータ出力　100
2.12.2　可変長CSV（セパレータがカンマ）によるデータ出力　101
2.12.3　固定長CSV（セパレータがスペース）によるデータ出力　103
2.12.4　固定長CSV（セパレータがカンマ）によるデータ出力　106

第3章　統計計算関連

第1節　要約統計量　110
第2節　ノンパラメトリック（ノンパラ）　113
3.2.1　クロス集計　113
3.2.2　カイ2乗検定　125
3.2.3　Fisherの直接確率（2×2）　132
3.2.4　U検定（Mann-Whitney）　135
3.2.5　H検定（Kruskal-Wallis）　138
3.2.6　Wilcoxonの一標本順位検定　141
3.2.7　Spearmanの順位相関係数　143
3.2.8　McNemar検定（2×2）　145
第3節　パラメトリック　148
3.3.1　F検定およびt検定（Student、Welch）　148
3.3.2　Paired t検定　153
3.3.3　Pearsonの相関係数　156
3.3.4　回帰分析　160
3.3.5　分散分析（一元配置）　166
第4節　グラフ　168
3.4.1　実測値プロット（測定データの日付をX軸に）　168

付録A　よく使われる関数・命令　174
付録B　例題（ダウンロードファイル）の内容　182

第1章

S-PLUS使用上の基本

第1章 S-PLUS使用上の基本

第1節 環境設定および基本的な使い方

1.1.1 起動・停止
S-PLUSの起動は、プロジェクトごとに起動ディレクトリを決めて行う。
S-PLUSの停止は、コマンド画面で以下を実行する。
```
>q( )
```

1.1.2 環境
この本のプログラムを動作させるフォルダ構造は、Windowsでは以下のとおりである。
1. 「C:」ドライブの配下に「¥TST」フォルダを作成する。
2. 「¥TST」フォルダの配下に「¥S+MAN」フォルダを作成する。
3. 「¥S+MAN」の配下に以下のフォルダを作成する。

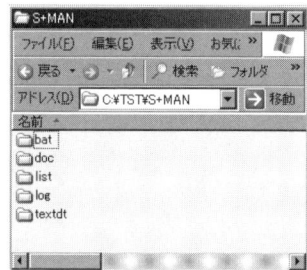

¥bat	：バッチファイル
¥doc	：ドキュメント
¥list	：リスト
¥log	：logファイル
¥textdt	：テキストデータ

作業フォルダ「C:¥TST¥S+MAN」を上記の手順で作成する。作業フォルダ名は自由に決められるが、この本では、上記のフォルダ構造に基づいて説明している。

NOTE

Windowsではフォルダ構造として「¥」を使用するが、UNIXやLINUXでは「/」を使用する。

1.1.3 S-PLUSのショートカットの作成方法

インストール直後のS-PLUSのショートカットのプロパティは、以下のとおりである。

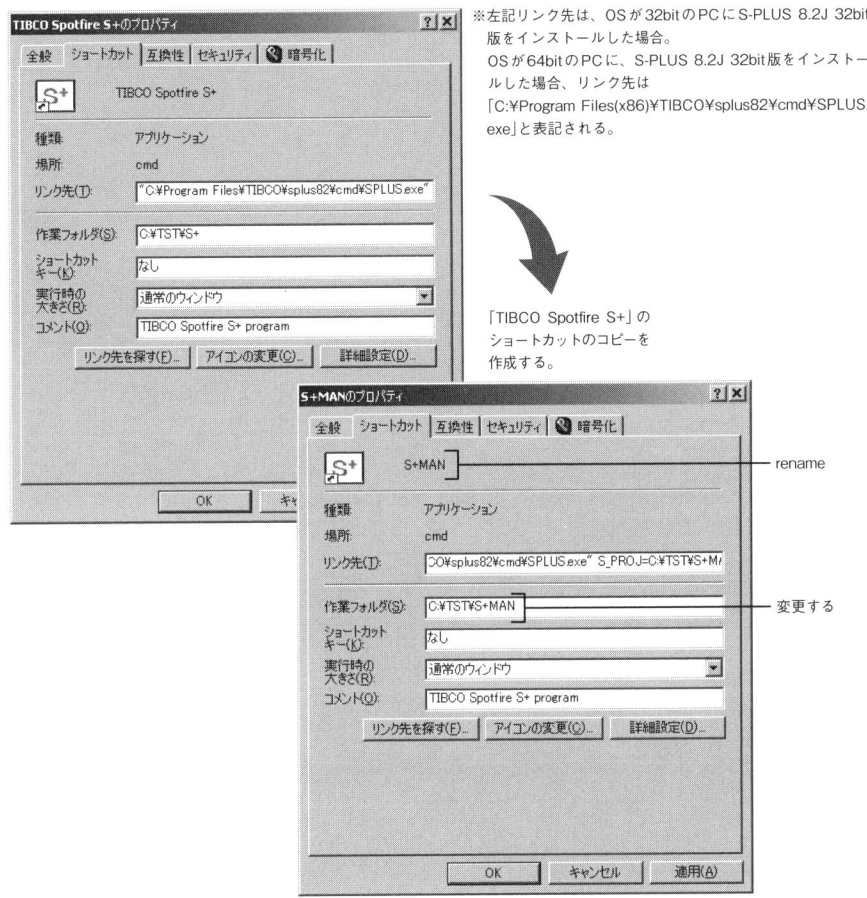

※左記リンク先は、OSが32bitのPCにS-PLUS 8.2J 32bit版をインストールした場合。
OSが64bitのPCに、S-PLUS 8.2J 32bit版をインストールした場合、リンク先は
「C:¥Program Files(x86)¥TIBCO¥splus82¥cmd¥SPLUS.exe」と表記される。

「TIBCO Spotfire S+」のショートカットのコピーを作成する。

rename

変更する

「**1.1.2 環境**」の項のフォルダ構造に基づくショートカットの作成方法は、以下のとおりである。
1. 「TIBCO Spotfire S+」のショートカットのコピーを作成する。
2. ショートカットのコピーを「S+MAN」とrenameする。
3. Rename後、作業フォルダを「C:¥TST¥S+MAN」と変更する。

「**1.1.3　S-PLUSのショートカットの作成方法**」の項を参照してショートカットを作成しS-PLUSを起動すると、「.Data」と「.Prefs」のディレクトリが自動的に作成される。「作業フォルダ」の配下には必ず「.Data」ディレクトリが自動的に作られ、「.Data」ディレクトリの配下に、すべてのオブジェクトが保存される。

また、検索パスの一番目は「.Data」になる。

S-PLUSの検索パスの表示：
>search()

S-PLUSの検索パスへの追加：
>attach("xxxxxx¥¥xxxxxx")　　　　　# 検索パスの2番目に追加（デフォルト）
>attach("xxxxxx¥¥xxxxxx",pos=x)　# 指定位置に追加

> **NOTE**
>
> パスを指定する場合、「¥¥」または「/」のどちらかで指定する。
>
> >attach("xxxxxx/xxxxxx")　　　　　# 検索パスの2番目に追加（デフォルト）
> >attach("xxxxxx/xxxxxx",pos=x)　# 指定位置に追加

S-PLUSを起動したときに最初に呼ばれる関数「**.First**」を作成すると、次回のS-PLUSの起動時から必ず最初に実行される。次回以降のS-PLUSの起動時に検索パスの追加を設定したい場合は、以下のように記述する。

.First <- function(){
attach("C:¥¥Users¥¥LoginName¥¥Documents¥¥TST")
}

上記の例では、検索パスの2番目にCドライブのフォルダ「Users¥LoginName¥Documents¥TST」を追加する設定になる。

.Firstで設定した内容を削除するには、
>rm(.First)
を実行する。

> **NOTE**
>
> **.First**はS-PLUS起動時に必ず実行される関数で、初めてS-PLUSを起動したときには何も定義されていない。

1.1.4 Sプログラムの実行

プログラムを実行する方法には、「コマンドウィンドウから実行する方法」と「メニューからプログラムを選択して実行する方法」の2通りがある。

1) 直接コマンドウィンドウでプログラムを実行する方法は、以下のとおりである。
```
>source("xxxxxxxx.ssc")
```

NOTE

ユーザー関数(Sプログラムで記述された任意に定義する関数)は、上記のソースプログラムの実行をすることで登録される。(これは、毎回行う必要はなく修正があったときだけでよい。)

■ コマンドウィンドウ

コマンドウィンドウは、ツールバーにあるコマンドウィンドウボタン をクリックすることで開く。

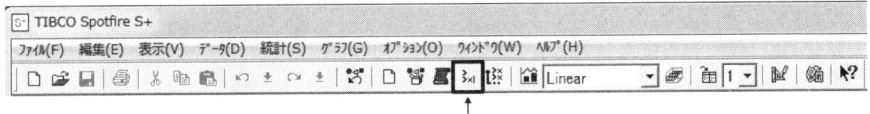

グラフウィンドウやデータウィンドウといった他のウィンドウは、同時に複数開くことができるが、コマンドウィンドウは1つしか開くことができない。コマンドウィンドウを開くと、メッセージとともにプロンプト「>」(不等号)が現れる。この記号はS-PLUSが出力している。

プロンプトの次(右横)に入力された式は、Sプログラムとして解釈・実行される。たとえば、以下のコマンドはEnterキーを押すと、入力された式が実行され、結果が画面に表示される。

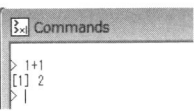

この結果を「result」というオブジェクトに保存するには、以下のように入力する。

```
result<-1+1
```

不等号「<」と「-」を組み合わせた演算子を付値演算子（assign）と呼ぶ。ここで作成した「result」等のデータは、永久データセットとしてデータベースに保存される。

プロンプトに続いて「result」と入力するだけで「result」の値を得ることができる。このオブジェクトを削除するには、関数「rm」の引数に「result」を指定する。

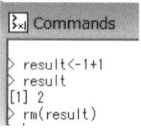

2) メニューからプログラムを選択する方法は、以下のとおりである。

1. メニューの「ファイル(F)」から「開く(O)」を選択し、プルダウンメニューよりファイルの種類「Script Files(*.ssc,*q)」を選択する。
2. 入力したいスクリプトを選択する。

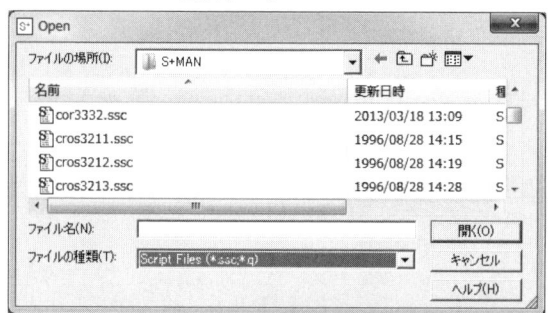

なお、以下のアイコンからもスクリプトを読み込むことができる。

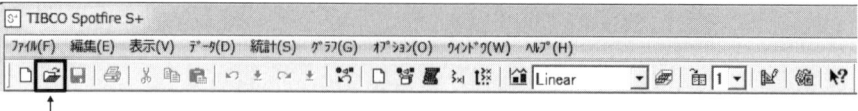

1.1.5 help

S-PLUSには多くの種類のオンラインヘルプが用意されている。コマンドウィンドウ上で関数のヘルプを参照するために、"help(関数名)"と入力すると、HTML形式のヘルプが起動する。

```
help(mean)
```

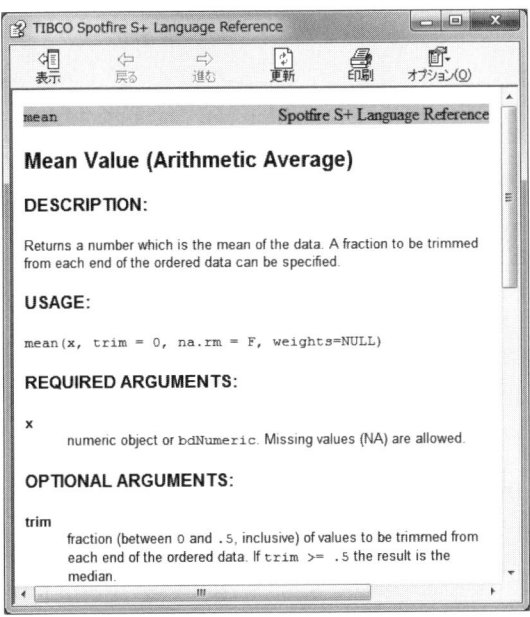

ヘルプの内容は以下のようになっている。
- DESCRIPTION ：関数の簡単な説明
- USAGE ：指定形式
- REQUIRED ARGUMENTS ：指定必須の引数名とその説明
- OPTIONAL ARGUMENTS ：省略可能な引数名とその説明
- VALUE ：関数によって計算される値の種類と名前
- DETAILS ：詳細
- REFERENCE ：関連文書や論文
- EXAMPLES ：利用例（コピー＆ペーストによりコマンドウィンドウ上で実行可能。）

S-PLUSでは、pdfファイル形式のオンラインヘルプを参照することもできる。開くには、メニューの「ヘルプ(H)」から「オンラインマニュアル(O)」を選択する。

以下は、よく利用されているオンラインマニュアルの一覧である。
- GETTING STARTED GUIDE　：GUIによる簡単な利用方法ガイド
- ユーザーズガイド　　　　　：GUI操作マニュアル
- プログラマーズガイド　　　：S-PLUSのコマンドマニュアル
- アプリケーション開発者ガイド　：他のアプリケーションとのやりとりや、GUI構築等に関連したマニュアル
- インストールおよび管理者ガイド　：インストール方法に関連したマニュアル
- GUIDE TO STATS 1, 2　　　：統計関数のマニュアル

1.1.6　オブジェクト

オブジェクトとは、S-PLUSの扱うプログラム(ユーザー関数)・データ(Sのデータ形式)のすべてのことをいう。

- オブジェクトの表示

  「.Data」内
  ```
  >objects()
  >objects(patt="w*")             # 頭1桁が"w"のもの
  ```
  他のパス
  ```
  >objects(where=n)               # 検索パスのn番目
  >objects(patt="w*",where=n)     # 検索パスのn番目
  ```
- オブジェクトの削除
  ```
  >remove(c("オブジェクト","オブジェクト"))
  ```
- オブジェクト化された関数プログラムの表示
  ```
  >関数名
  ```
- オブジェクト化された関数プログラムの引数表示
  ```
  >args(関数名)
  ```
- オブジェクト化されたプログラムのテキスト化
  ```
  >dump("関数名","ソース名")
  ```
- オブジェクトの属性表示
  ```
  >attributes(オブジェクト名)
  >names(オブジェクト名)
  >mode(オブジェクト名)
  ```
- データの未入力状態は「NA」と表示

- データ・オブジェクト
  - スカラー ：値を1つだけ持っている
  - ベクトル ：同じ形式のデータを2つ以上持ってる(一次元)
  - マトリックス ：同じ形式のデータを二次元以上の行列で持っている(数値のみ)
  - データ・フレーム：扱い方はマトリックスに近いが文字も持てる
  - リスト ：名前付き・名前なしのオブジェクトが持てる幅広い構造

> **NOTE**
>
> 異機種間やディレクトリ間でのオブジェクトの移動方法は、以下のとおりである。
> 1. 移動元で以下のコマンドを入力する(「.Data」配下のオブジェクトすべて)。
>    ```
>    >dump(ls(),file="all.obj")
>    ```
> 2. 上記でできた"all.obj"を移動先にコピーする。
> 3. 移動先で以下のコマンドを入力する(実行すると、すべて「.Data」の配下に入る)。
>    ```
>    >restore("「all.obj」をコピーしたフォルダ¥¥all.obj")
>    ```

1.1.7 テキストファイル出力

テキストファイル出力の表示の幅と行数の指定方法の例は、以下のとおりである。

画面の場合：
```
>options(width=80,length=20)
```
プリンターの場合：
```
>options(width=140,length=56)
```

テキストファイルに実行結果を出力するには、明示的にファイル出力を指定する必要がある。(デフォルトは画面表示になっている。)

```
>sink(file="出力ファイル名")               # 新規出力
>sink(file="出力ファイル名",append=TRUE)   # 追加出力
>print(オブジェクト名)                     # オブジェクトを明示的に表示する
>sink()                                    # 出力を画面に戻す
```

1.1.8 グラフィック出力

グラフィック出力の指定方法の例は、以下のとおりである。詳細については、S-PLUSのマニュアルを参照のこと。

```
>win.graph()    # グラフィック画面を開く(複数個可能)
>dev.off()      # カレントのグラフィック画面を閉じる
>dev.off(n)     # n番目のグラフィック画面を閉じる
>dev.list()     # グラフィック・デバイス・リストの表示
>dev.set(n)     # グラフィック・デバイス・リストのn番目をカレントにする
>dev.cur()      # カレントのグラフィック・デバイス番号の表示
>dev.copy()     # カレントのグラフィック・デバイス表示を他のデバイスにコピー
```

1.1.9 オブジェクト名

S-PLUSのオブジェクト名の命名規約は、以下のとおりである。

 1桁目   ：英字（大文字・小文字）、ピリオド
 2桁目以降 ：英字（大文字・小文字）、ピリオド、数字

ただし、以下の用語は使用しないこと。

 システム関数名：c, t, df, dt, …
 予約語   ：if, else, for, in, while, repeat, brake, next, function, return
 特殊名称 ：NULL, NA, TRUE(T), FALSE(F)
 初等関数 ：sqrt, abs, exp, log, log10, sin, cos, tan,
        asin, acos, atan, sinh, cosh, tanh, asinh, acosh, atanh,
        gamma, lgamma, ceilling, trunc, round

1.1.10 S-PLUSの演算子

算術演算子：

＋	和
－	差
＊	積
／	商
^	べき乗
％／％	整数商
％％	剰余

比較演算子：

＝＝	等しい
！＝	等しくない
＜	より小
＜＝	以下
＞	より大
＞＝	以上

論理演算子：

！	否定
＆	論理積
｜	論理和
＆＆	条件付き論理積
｜｜	条件付き論理和

論理関数：

 all(式1, 式2, …)
 any(式1, 式2, …)

特殊な関数：

 is.na()   NAかどうかを調べる
 missing() 引数が省略されたかどうかを調べる

第2章

データの変換と加工

第2章 データの変換と加工

ここでは、データ解析に欠かせない、データの加工技術の基本について解説する。

第1節 テキストデータの読み込み

ここでは、外部データの読み込みの基本について説明する。

2.1.1 セパレータ(,)テキストファイルの読み込み

CASE

以下のようなデータが、ファイル"textdt/dt211.txt"に格納されている。これを"t211dt1"に格納する。

```
10,    5,    6
15,   10,    7
12,   12,    4
21,    2,    2
 9,    8,    7
```

Example ソースプログラム "t211.ssc"を以下のように作成する。

```
#
#  2.1.1 example t211.ssc
#
                                    # 項目変数名とデータ形式を定義
  t211dt.what<-list(v01=0,
                    v02=0,
                    v03=0)
                                    # t211dt.whatに基づきデータを読み込む
t211dt1<-data.frame(scan(data="textdt/dt211.txt", what=t211dt.what,sep=","))
```

上記のソースを実行するには、Sのコマンドウィンドウで以下のように入力する。
```
>source("t211.ssc")
```

Sのコマンドウィンドウで以下のように入力すると、格納されたデータが表示される。
```
>t211dt1
```

	v01	v02	v03
1	10	5	6
2	15	10	7
3	12	12	4
4	21	2	2
5	9	8	7

[Explanation] ソースプログラムの説明

```
#
# 処理概要：可変長データ"textdt/dt211.txt"を読み込みt211dt1に格納する
#
                                        # 項目変数名とデータ形式を定義
    t211dt.what<-list(v01=0,            # 日本語の項目名1
                      v02=0,            # 日本語の項目名2
                      v03=0)            # 日本語の項目名3
#                     --- --            --------------
#                      |   |                  |
#                      |   |                  +-- 日本語の項目名を書く
#                      |   +-- データ形式の指定 ： 0  ：数値
#                      |                        " " ：文字
#                      +-- 変数名の指定
                                        # t211dt.whatに基づきデータを読み込む
    t211dt1<-data.frame(scan(data="textdt/dt211.txt",what=t211dt.what,sep=","))
#          ---------- ---- ----------------------  ---------------- --------
#              |       |              |                    |           |
#              |       |              |                    |           +セパレータを","
#              |       |              |                    +-- 項目名とデータ形式を指定
#              |       |              +-- 読み込むデータが格納されているファイル名を指定
#              |       +----データ読み込み関数
#              +-- 読み込み結果をdata.frameにする
#
```

2.1.2 固定長テキストファイルの読み込み

CASE

以下のようなデータが、ファイル"textdt/dt212.txt"に格納されている。これを"t212dt1"に格納する。

Example ソースプログラム "t212.ssc"を以下のように作成する。

```
                                    # 項目変数名とデータ形式を定義
  t212dt.what<-list(v01=0,
                    v02=0,
                    v03=0)
  t212dt.width<-c(4,5,3)             # 各項目の桁数指定
                                    # what、widthに基づきデータを読み込む
  t212dt1<-data.frame(scan(file="textdt/dt212.txt",
                      what=t212dt.what,width=t212dt.width))
```

上記のソースを実行するには、Sのコマンドウィンドウで以下のように入力する。
>source("t212.ssc")
Sのコマンドウィンドウで以下のように入力すると、格納されたデータが表示される。
>t212dt1

	v01	v02	v03
1	10	5	6
2	15	10	7
3	12	12	4
4	21	2	2
5	9	8	7

Explanation ソースプログラムの説明

```
#
# 処理概要：固定長データ"textdt/dt212.txt"を読み込みt212dt1に格納する
#
                                        # 項目変数名とデータ形式を定義
    t212dt.what<-list(v01=0,            # 日本語の項目名1
                     v02=0,             # 日本語の項目名2
                     v03=0)             # 日本語の項目名3
#                    --- -              ----------------
#                     | |                |
#                     | |                +-- 日本語の項目名を書く
#                     | +-- データ形式の指定 ： 0   ： 数値
#                     |                       " "  ： 文字
#                     +-- 変数名の指定：各項目の桁位置を項目順に定義
    t212dt.width<-c(4,5,3)              # 各項目の桁数指定
#                    - - -
#                    | | |
#                    | | +-- v03の桁数
#                    | +-- v02の桁数
#                    +   v01の桁数
                                        # what、widthに基づきデータを読み込む
    t212dt1<-data.frame(scan(data="textdt/dt212.txt",
                             what=t212dt.what, width=t212dt.width))
#           ---------- ---- ------      ----------------   -------------------
#            |          |    |           |                  |
#            |          |    |           |                  +-- 入力桁数を指定
#            |          |    |           +-- 項目名とデータ形式を指定
#            |          |    +-- 読み込むデータの格納されているファイル名を指定
#            |          +--- データ読み込み関数
#            +-- 読み込み結果をdata.frameにする
#
```

2.1.3 ソースプログラムへのデータの埋め込み

CASE

ソースプログラムに以下のデータを埋め込み、これを "t213dt1" に格納する。

```
10    5    6
15   10    7
12   12    4
............
............
21    2    2
 9    8    7
```

Example ソースプログラム "t213.ssc" を以下のように作成する。

```
                        # ソースプログラムに埋め込まれたデータをt213dt1に格納する
t213dt1<-data.frame(
                data=matrix(
                        c(10, 5, 6,
                          15,10, 7,
                          12,12, 4,
                          21, 2, 2,
                           9, 8, 7
                          ),
                        ncol=3,
                        byrow=TRUE
                        )
                )
                                    # 各列の変数名を定義
dimnames(t213dt1)[[2]]<-c(
                        "v01",
                        "v02",
                        "v03"
                        )
```

上記のソースを実行するには、Sのコマンドウィンドウで以下のように入力する。
```
>source("t213.ssc")
```

Sのコマンドウィンドウで以下のように入力すると、格納されたデータが表示される。
```
>t213dt1
```

	v01	v02	v03
1	10	5	6
2	15	10	7
3	12	12	4
4	21	2	2
5	9	8	7

[Explanation] ソースプログラムの説明

```
#
# 処理概要：埋め込まれたデータを読み込みt213dt1に格納する
#
#                          # ソースプログラムに埋め込まれたデータをt213dt1に格納する
  t213dt1<-data.frame(                      # 格納形式をdata.frameとする
                   data=matrix(             # 最初は行列データとして読み込む
                           c(10, 5, 6,      # 1行目のデータ
                             15,10, 7,      # 2行目のデータ
                             12,12, 4,      # 3行目のデータ
                             21, 2, 2,      # n-1行目のデータ
                              9, 8, 7       # n行目のデータ
                             ),
                           ncol=3,          # 列の数
                           byrow=TRUE       # 行単位のデータであることを指定
                             )
                       )
  dimnames(t213dt1)[[2]]<-c(                # 各列の変数名を定義
                         "v01",             # 1列目の変数名(列名)
                         "v02",             # 2列目の変数名(列名)
                         "v03"              # 3列目の変数名(列名)
                             )
行名をつけたい場合は、以下のコマンドを追加する。
  dimnames(t213dt1)[[1]]<-c(                # 各行の変数名を定義
                         "H01",             # 1行目の行名
                         "H02",             # 2行目の行名
                         "H03",             # 3行目の行名
                         "Hxx",             # xx行目の行名
                         "Hnn"              # nn行目の行名
                             )
```

> **NOTE**

行名および列名の記載方法は以下のとおりである。
　行名：`dimnames(t213dt1)[[1]]`
　列名：`dimnames(t213dt1)[[2]]`
行名を変更する方法：
　`>dimnames(t213dt1)[[1]] <- list(行名ベクトル)`
列名を変更する方法：
　`>dimnames(t213dt1)[[2]] <- list(列名ベクトル)`
一括処理の場合：
　`>dimnames(t213dt1)<-list(行名ベクトル,列名ベクトル)`

第2節　データの単純結合

ここでは、S-PLUSのオブジェクトに保存されたデータの単純結合について説明する。

2.2.1　データの単純横結合

CASE

以下のようなデータ（"t22dt1" および "t22dt2"）が、S-PLUSに保存されている。（これらのデータは、source("t22st.ssc") を使用して作成する。）この2つのデータを横に結合して1つのデータにまとめる。各データの前提条件は、「データの行数が等しいこと」であり、データ形式は"matrix"または"data.frame"とする。

```
          データ1 "t22dt1"の内容              |        データ2 "t22dt2"の内容
       ---------------列名---------------     |     ---------------列名---------------
       datano av01 av02 av03 av04 av05        |     datano bv01 bv02 bv03 bv04 bv05
  1       1   10    1   11   21    5          | 1      1   11    2   12   22    6
  2       3   13    3   15   25    7          | 2      3   14    4   16   26    8
  ............................................|     ............................................
  n      20   16    5   17   19    4          | n     20   17    6   18   20    5
```

Example ソースプログラム　"t22.ssc"を以下のように作成する。

```
t22cbdt<-cbind(t22dt1,t22dt2[,2:dim(t22dt2)[2]])
```

上記のソースを実行するには、Sのコマンドウィンドウで以下のように入力する。
　>source("t22.ssc")

Sのコマンドウィンドウで以下のように入力すると、格納されたデータが表示される。
　>t22cbdt

```
   datano av01 av02 av03 av04 av05 bv01 bv02 bv03 bv04 bv05
 1    1   10    1   11   21    5   11    2   12   22    6
 2    3   13    3   15   25    7   14    4   16   26    8
 ...................................................
 n   20   16    5   17   19    4   17    6   18   20    5
```

Explanation ソースプログラムの説明

```
#
# 処理概要：t22dt1とt22dt2を横に結合しt22cbdtに格納する
#
  t22cbdt<-cbind(t22dt1,t22dt2[,2:dim(t22dt2)[2]])
# -------    -----  ------   ------  --  ----------------
# |          |      |        |       |   |
# |          |      |        |       |   +-- t22dt2の2番目の項目から最終項目を選択
# |          |      |        |       +-- t22dt2のすべての行を対象とする
# |          |      |        +-- 2番目のデータとしてt22dt2を指定
# |          |      +-- 1番目のデータとしてt22dt2を指定
# |          +-- データの横結合を指示
# +-- 保存データ名としてt22cbdtを指定
```

> **NOTE**
>
> 行数および列数の記載方法は以下のとおりである。
> 　行数：dim(t22dt2)[1]
> 　列数：dim(t22dt2)[2]

2.2.2 データの単純縦結合

CASE

以下のようなデータ("t23dt1"および"t23dt2")が、S-PLUSに保存されている。(これらのデータは、source("t23st.ssc")を使用して作成する。)この2つのデータを縦に結合して1つのデータにまとめる。各データの前提条件は、「データの列数が等しいこと」および「列名が付いている場合には列名が等しいこと」であり、データ形式は"matrix"または"data.frame"とする。

データ1 "t23dt1"の内容

	datano	av01	av02	av03	av04	av05
1	1	10	1	11	21	5
2	3	13	3	15	25	7
...	...	...	...	...	...	...
n	20	16	5	17	19	4

データ2 "t23dt2"の内容

	datano	av01	av02	av03	av04	av05
1	1	11	2	12	22	6
2	3	14	4	16	26	8
...	...	...	...	...	...	...
m	20	17	6	18	20	5

Example ソースプログラム "t23.ssc"を以下のように作成する。

```
t23rbdt<-rbind(t23dt1,t23dt2)
```

上記のソースを実行するには、Sのコマンドウィンドウで以下のように入力する。
> source("t23.ssc")

Sのコマンドウィンドウで以下のように入力すると、格納されたデータが表示される。
> t23rbdt

	datano	av01	av02	av03	av04	av05
1	1	10	1	11	21	5
2	3	13	3	15	25	7
...	...	...	...	...	...	...
n	20	16	5	17	19	4
n+1	1	11	2	12	22	6
n+2	3	14	4	16	26	8
...	...	...	...	...	...	...
n+m	20	17	6	18	20	5

Explanation ソースプログラムの説明

```
#
# 処理概要：t23dt1とt23dt2を縦に結合しt23rbdtに格納する
#
  t23rbdt<-rbind(t23dt1,t23dt2)
# -------  -----  ------  ------
# |        |      |       |
# |        |      |       |
# |        |      |       |
# |        |      |       +-- 2番目のデータとしてt23dt2を指定
# |        |      +-- 1番目のデータとしてt23dt1を指定
# |        +-- データの縦結合を指示
# +-- 保存データ名としてt23rbdtを指定
```

第3節　データの並び替え（ソート）

ここでは、データのソート方法について説明する。

CASE

以下のようなデータ("t211dt1")がある。（このデータは、「**2.1.1 セパレータ(,)テキストファイルの読み込み**」の項で作成された"t211.ssc"を実行して作成する。）
　>t211dt1

	v01	v02	v03
1	10	5	6
2	15	10	7
3	12	12	4
4	21	2	2
5	9	8	7

2.3.1　キーのみの並べ替え（ソート）

上記のデータ("t211dt1")のキーだけを並べ替えるには、変数"v01"をソートする。

Example ソースプログラム　"t241.ssc"を以下のように作成する。

```
t241dt1<-sort(t211dt1[,"v01"])              # t211dt1の"v01"をソート
```

上記のソースを実行するには、Sのコマンドウィンドウで以下のように入力する。
　>source("t241.ssc")
Sのコマンドウィンドウで以下のように入力すると、格納されたデータが表示される。
　>t241dt1

```
[1]  9  10  12  15  21
```

上記のように変数"v01"がソートされたが、この方法ではキーだけが並び替えられる。

Explanation ソースプログラムの説明

```
#
# 処理概要：t211dt1の変数"v01"をソートしt241dt1に格納する
#
  t241dt1<-sort(t211dt1[,"v01"])              # t211dt1の"v01"をソート
# -------  ---- -------  --  ----
# |          |    |       |   |
# |          |    |       |   +-- キーとして変数"v01"を指定
# |          |    |       +-- すべての行を対象
# |          |    +-- データt211dt1を対象
# |          +-- ソートの指定
# +-- データをt241dt1に保存
```

2.3.2 キー順のデータ順序(インデックス)の求め方

　上記のデータ("t211dt1")のキー順のデータ順序を求めるには、第一キーを変数"v03"、第二キーを変数"v01"とする。

Example ソースプログラム　"t242.ssc"を以下のように作成する。

```
t242dt1<-order(t211dt1[,"v03"],t211dt1[,"v01"])    # "v03"、"v01"でソートし順序を求める
```

　上記のソースを実行するには、Sのコマンドウィンドウで以下のように入力する。
```
>source("t242.ssc")
```
　Sのコマンドウィンドウで以下のように入力すると、格納されたデータが表示される。
```
>t242dt1
```

```
[1]   4 3 1 5 2
```

　上記のように、キー変数"v03"、"v01"で順序が求められたが、データは並び替えられていない。

Explanation ソースプログラムの説明

```
#
# 処理概要：t211dt1の変数"v03"、"v01"をソートし順序をt242dt1に格納する
#
   t242dt1<-order(t211dt1[,"v03"],t211dt1[,"v01"])    # "v03"、"v01"でソートし順序を求める
   # ------ ------ ------ -- ---- ------ -- ----
   # |      |      |      |  |    |      |  |
   # |      |      |      |  |    |      |  +-- 第二キーとして変数"v01"
   # |      |      |      |  |    |      +-- すべての行を対象
   # |      |      |      |  |    +-- データt211dt1を対象
   # |      |      |      |  +-- 第一キーとして変数"v03"
   # |      |      |      +-- すべての行を対象
   # |      |      +-- データt211dt1を対象
   # |      +-- ソート済み順序を取り出す指定
   # +-- 順序をt242dt1に保存
```

2.3.3 キー順のデータの並び替え方

上記のデータ("t211dt1")のキー順のデータを並べ替えるには、第一キーを変数"v03"、第二キーを変数"v01"とする。

Example ソースプログラム "t243.ssc" を以下のように作成する。

```
t243dt1<-order(t211dt1[,"v03"],t211dt1[,"v01"])  # "v03"、"v01"でソートし順序を求める
t243dt2<-t211dt1[t243dt1,]                        # 求めたt243dt1を基にt211dt1をソート
```

上記のソースを実行するには、Sのコマンドウィンドウで以下のように入力する。
　>source("t243.ssc")
Sのコマンドウィンドウで以下のように入力すると、格納されたデータが表示される。
　>t243dt2

	v01	v02	v03
4	21	2	2
3	12	12	4
1	10	5	6
5	9	8	7
2	15	10	7

上記のように、キー変数"v03"、"v01"でデータは並び替えられた。

Explanation ソースプログラムの説明

```
#
# 処理概要：t211dt1の変数"v03"、"v01"をソートし順序をt243dt1に格納する
#            またデータのソート結果をt243dt2に格納する
#
   t243dt1<-order(t211dt1[,"v03"],t211dt1[,"v01"])  # "v03"、"v01"でソートし順序を求める
# ------- ------ ------ -- ----   ------ -- ----
# |        |      |      |  |      |     |  |
# |        |      |      |  |      |     |  +-- 第二キーとして変数"v01"
# |        |      |      |  |      |     +-- すべての行を対象
# |        |      |      |  |      +-- データt211dt1を対象
# |        |      |      |  +-- 第一キーとして変数"v03"
# |        |      |      +-- すべての行を対象
# |        |      +-- データt211dt1を対象
# |        +-- ソート済み順序を取り出す指定
# +-- 順序をt243dt1に保存
```

```
        t243dt2<-t211dt1[t243dt1,]              # 求めたt243dt13を基にt211dt1をソート
#       -------  -------  ------  --
#       |        |        |       |
#       |        |        |       +-- すべての項目を対象
#       |        |        +-- 取り出す順序のベクトル指示
#       |        +-- ソートするデータはt211dt1
#       +-- ソート済みデータをt243dt2に保存
```

> **NOTE**
> "t243.ssc"を一行で書くと、以下のようになる。

```
t243dt2<-t211dt1[order(t211dt1[,"v03"],t211dt1[,"v01"]),]
```

第4節　データのキーでの結合（キーマッチング&マージ）

ここでは、キーとなる変数でのデータ結合について説明する。対象となるデータにユニークなキーが存在することが暗黙の条件である。また、マッチングキーは1つであることが条件になる。

2.4.1　結合（マッチング）する各データにすべてのキーがある場合
　　　（行数が等しくキーのデータは1つしか存在しない場合）

CASE

以下のようなデータ（"t22dt1"および"t22dt2"）がある。この2つのデータを"datano"でマッチングする。

データ1　"t22dt1"の内容

	datano	av01	av02	av03	av04	av05
1	1	10	1	11	21	5
2	3	13	3	15	25	7
...	...	...	...	...	...	...
n	20	16	5	17	19	4

データ2　"t22dt2"の内容

	datano	bv01	bv02	bv03	bv04	bv05
1	1	11	2	12	22	6
2	3	14	4	16	26	8
...	...	...	...	...	...	...
n	20	17	6	18	20	5

Example ソースプログラム　"t251.ssc"を以下のように作成する。

```
wkeepnm<-c(                              # 保存項目名の定義
         "datano","av01","av02","av03","av04","av05",
         "bv01","bv02","bv03","bv04","bv05"
         )
wxdt<-cbind(                             # データの結合
         t22dt1,
         t22dt2[,names(t22dt2[c(names(t22dt2)!="datano")])]
         )
wmatchdt1<-wxdt[,wkeepnm]                # wmatchdtに指定された保存項目をセット
```

上記のソースを実行するには、Sのコマンドウィンドウで以下のように入力する。
```
>source("t251.ssc")
```

Sのコマンドウィンドウで以下のように入力すると、格納されたデータが表示される。
>wmatchdt1

	datano	av01	av02	av03	av04	av05	bv01	bv02	bv03	bv04	bv05
1	1	10	1	11	21	5	11	2	12	22	6
2	3	13	3	15	25	7	14	4	16	26	8
………………………………………………………………………………………………
n	20	16	5	17	19	4	17	6	18	20	5

Explanation ソースプログラムの説明

```
#
# 処理概要： t22dt1とt22dt2を"datano"でマッチングし結果をwmatchdt1に格納する
#
    wkeepnm<-c(                                    # 保存項目名の定義
              "datano","av01","av02","av03","av04","av05",
              "bv01","bv02","bv03","bv04","bv05"
              )
# -------  -  --------------------------------------------
# |        |  |
# |        |  +-- 保存項目名を保存したい順序で指定
# |        +-- 複数の項目名を1つのオブジェクトにする
# +-- 保存項目名全体の名前
    wxdt<-cbind(                                   # データの結合
              t22dt1,t22dt2[,names(t22dt2[c(names(t22dt2)!="datano")])]
              )
# ----  -----  ------  -------------------------------------------------
# |     |      |       |
# |     |      |       +-- t22dt2のすべての行で、項目名が"datano"以外の項目
# |     |      +-- t22dt1すべて
# |     +-- データを横結合する
# +-- 結合結果の保存データ名


    wmatchdt1<-wxdt[,wkeepnm]                      # wmatchdtに指定された保存項目をセット
# --------   --- - ------
# |          |   | |
# |          |   | +-- 保存する項目名を指定
# |          |   +-- すべての行を対象
# |          +-- 結合結果データ名
# +-- 保存データ名
```

2.4.2 結合（マッチング）する各データに歯抜けのキーがある場合
（複数のデータにキーが分散している場合）

CASE

以下のようなデータ（"t252dt1"および"t252dt2"）がある。（これらのデータは、source("t252st.ssc")を使用して作成する。）この2つのデータを"datano"でマッチングする。

データ1　"t252dt1"の内容

```
  datano av01 av02 av03 av04 av05
1      1   10    1   11   21    5
2      3   13    3   15   25    7
................................
n     40   16    5   17   19    4
```

データ2　"t252dt2"の内容

```
  datano bv01 bv02 bv03 bv04 bv05
1      1   10    1   11   21    5
2      2   10    2   10   22    4
................................
m     20   16    5   17   19    4
```

Example ソースプログラム　"t252.ssc"を以下のように作成する。

```
#
  wkeepnm<-c(                                      # 保存項目名の定義
          "datano","av01","av02","av03","av04","av05",
          "bv01","bv02","bv03","bv04","bv05"
          )
                                                   # ユニークなソート済のキーデータ作成
  wdtno<-sort(                                     # ユニークなキーのソート
          unique(                                  # ユニークなキーデータ作成
              c(
                  t252dt1[,"datano"],              # t252dt1のキー抽出
                  t252dt2[,"datano"]               # t252dt2のキー抽出
                )
              )
          )
```

```
                                              # マッチング済みデータの枠作成
    wxdt<-data.frame(                         # data.frameにする
              wdtno,
              matrix(NA,ncol=(dim(t252dt1)[2]+dim(t252dt2)[2]-2),
                     nrow=length(wdtno)
                     )
              )
                                              # すべての入力項目名を作成
    wxdtnm<-c(
             names(t252dt1),
             names(t252dt2[c(names(t252dt2)!="datano")])
             )
    dimnames(wxdt)[[2]]<-wxdtnm               # マッチングデータの枠に項目名をセット
                                              # マッチングデータの枠にtstdt1をセット
    wxdt[match(t252dt1[,"datano"],wdtno),match(names(t252dt1),names(wxdt))]<-t252dt1
                                              # マッチングデータの枠にtstdt2をセット
    wxdt[match(t252dt2[,"datano"],wdtno),match(names(t252dt2),names(wxdt))]<-t252dt2
    wmatchdt2<-wxdt[,wkeepnm]                 # wmatchdtに指定された保存項目をセット
```

上記のソースを実行するには、Sのコマンドウィンドウで以下のように入力する。
>source("t252.ssc")

Sのコマンドウィンドウで以下のように入力すると、格納されたデータが表示される。
>wmatchdt2

	datano	av01	av02	av03	av04	av05	bv01	bv02	bv03	bv04	bv05
1	1	10	1	11	21	5	10	1	11	21	5
2	2	NA	NA	NA	NA	NA	13	3	15	25	7
3	3	13	3	15	25	7	13	3	15	25	7
...	...	...	...	...	...	...	...	...	...	...	...
m-?	9	NA	NA	NA	NA	NA	14	3	17	44	3
m-?	10	13	1	20	43	5	16	1	18	47	5
...	...	...	...	...	...	...	...	...	...	...	...
m	19	NA	NA	NA	NA	NA	15	2	14	55	2
m+1	20	16	5	17	19	4	16	5	17	19	4
...	...	...	...	...	...	...	...	...	...	...	...
n	40	16	5	17	19	4	NA	NA	NA	NA	NA

Explanation ソースプログラムの説明

```
#
# 処理概要： t252dt1とt252dt2を"datano"でマッチングし結果をwmatchdt2に格納する
#
  wkeepnm<-c(                                    # 保存項目名の定義
             "datano","av01","av02","av03","av04","av05",
             "bv01","bv02","bv03","bv04","bv05"
            )
# -------  - -----------------------------------
# |        | |
# |        | +-- 保存項目名を保存したい順序で指定
# |        +-- 複数の項目名を1つのオブジェクトにする
# +-- 保存項目名全体の名前

                                                 # ユニークなソート済のキーデータ作成
  wdtno<-sort(                                   # ユニークなキーのソート
             unique(                             # ユニークなキーデータ作成
                   c(
                     t252dt1[,"datano"],         # t252dt1のキー抽出
                     t252dt2[,"datano"]          # t252dt2のキー抽出
                    )
                   )
             )
# -----  ---- ------ - ----------------
# |      |    |      | |
# |      |    |      | +-- t252dt1とt252dt2のすべての行で"datano"を抽出
# |      |    |      +-- 複数の"datano"を1つのオブジェクトにする
# |      |    +-- 上記のデータをユニークなデータにする
# |      +-- 指定されたデータをソートする
# +-- ソート済みデータの保存データ名
```

```
                                                          # マッチング済みデータの枠作成
    wxdt<-data.frame(                                     # data.frameにする
                wdtno,
                matrix(NA,ncol=(dim(t252dt1)[2]+dim(t252dt2)[2]-2),
                       nrow=length(wdtno)
                      )
                    )
#  ----  ----------  ------------------------------------------------
#  |       |           |
#  |       |           +-- wdtnoを先頭項目とする
#  |       |           +-- matrix : すべてNA(未入力)の行列を作成
#  |       |                        ncol    : 行数の指定
#  |       |                        nrow    : 列数の指定
#  |       +-- 上記で指定されたデータをdata.frameにする
#  +-- 保存枠のデータ名
                                                          # すべての入力項目名を作成
    wxdtnm<-c(
             names(t252dt1),
             names(t252dt2[c(names(t252dt2)!="datano")])
             )
#  -----  -  -------------
#  |       |     |
#  |       |     +-- t252dt1のすべての項目名
#  |       |         t252dt2の"datano"を除いた項目名
#  |       +-- 上記の2つを1つのオブジェクトにまとめる
#  +-- すべての項目名の保存オブジェクト名
    dimnames(wxdt)[[2]]<-wxdtnm             # マッチングデータの枠に項目名をセット
#  -------------------  -------
#  |                      |
#  |                      +-- すべての項目名をセットする
#  +-- マッチング済みデータ枠の項目名指定
                                                  # マッチング済みデータ枠にtstdt1をセット
```

```
    wxdt[match(t252dt1[,"datano"],wdtno),match(names(t252dt1),names(wxdt))]<-t252dt1
#   ---- -----------------------------  ---------------------------------  --------
#   |    |                              |                                  |
#   |    |                              |                                  +--
#   |    |                              |                                  1番match file
#   |    |                              +-- t252dt1の項目でwxdtにある項目を対象
#   |    +-- t252dt1の行でwxdtの"datano"とマッチする行はすべて対象
#   +-- マッチング済みデータ枠のオブジェクト名
                                    #  マッチング済みデータ枠にtstdt2をセット
    wxdt[match(t252dt2[,"datano"],wdtno),match(names(t252dt2),names(wxdt))]<-t252dt2
#   ---- -----------------------------  ---------------------------------  --------
#   |    |                              |                                  |
#   |    |                              |                                  +--
#   |    |                              |                                  2番match file
#   |    |                              +-- t252dt2の項目でwxdtにある項目を対象
#   |    +-- t252dt2の行でwxdtの"datano"とマッチする行はすべて対象
#   +-- マッチング済みデータ枠のオブジェクト名
    wmatchdt2<-wxdt[,wkeepnm]        # wmatchdtに指定された保存項目をセット
#   --------- --- -- ------
#   |         |   |  |
#   |         |   |  +-- 保存項目名全体の名前
#   |         |   +-- すべての行を対象
#   |         +-- マッチング済みデータ枠のオブジェクト名
#   +-- 最終保存データオブジェクト名
#
```

第5節　データの抽出・削除・未入力化

　ここでは、複数項目の抽出・特定条件の行抽出・特定条件の行削除・特定条件項目の未入力化等について説明する。

2.5.1　複数項目（複数列）の抽出1

CASE

　以下のようなデータ("22dt1")がある。このデータから、項目"datano"、"av01"、"av03"、"av04"を抽出する。

データ　"22dt1"の内容

```
  datano av01 av02 av03 av04 av05
1      1   10    1   11   21    5
2      3   13    3   15   25    7
..............................
n     20   16    5   17   19    4
```

Example ソースプログラム1　"t2611.ssc"を以下のように作成する。

```
wslkm1    <-c("datano","av01","av03","av04")    # 抽出項目の定義
wt2611dt1<-t22dt1[,wslkm1]                      # 項目抽出処理
```

Example ソースプログラム2　"t2612.ssc"を以下のように作成する。

```
wt2612dt1<-t22dt1[,c("datano","av01","av03","av04")]    # 項目抽出処理
```

＊ソースプログラム1とプログラム2は同じ処理をするので、どちらの方法でもよい。

　上記のソースを実行するには、Sのコマンドウィンドウで以下のように入力する。
　　>source("t2611.ssc")
　Sのコマンドウィンドウで以下のように入力すると、格納されたデータが表示される。
　　>wt2611dt1

```
  datano av01 av03 av04
1      1   10   11   21
2      3   13   15   25
....................
n     20   16   17   19
```

Explanation ソースプログラム1の説明

```
#
# 処理概要： t22dt1の項目を抽出し結果をwt2611dt1に格納する
#
  wslkm1    <-c("datano","av01","av03","av04")      # 抽出項目の定義
# -------   -   ----------------------------
# |         |   |
# |         |   +-- 抽出項目名
# |         +-- 複数の項目名を1つのオブジェクトにする
# +-- 抽出項目名全体の名前
  wt2611dt1<-t22dt1[,wslkm1]                         # 項目抽出処理
# ---------  ----- -- ------
# |          |     |  |
# |          |     |  +-- 抽出項目の指定
# |          |     +-- すべての行を対象
# |          +-- 抽出対象データ
# +-- 抽出結果データ
```

Explanation ソースプログラム2の説明

```
#
# 処理概要： t22dt1の項目を抽出し結果をwt2612dt1に格納する
#
  wt2612dt1<-t22dt1[,c("datano","av01","av03","av04")]    # 項目抽出処理
# ---------  ----- - -- ------------------------------
# |          |     | |  |
# |          |     | |  +-- 抽出項目名
# |          |     | +-- 複数の項目名を1つのオブジェクトにする
# |          |     +-- すべての行を対象
# |          +-- 抽出対象データ
# +-- 抽出結果データ
```

2.5.2 複数項目(複数列)の抽出2

CASE

以下のようなデータ("t22dt1")がある。このデータから、項目"av02"および"av05"を削除する。

データ　"t22dt1"の内容

```
  datano av01 av02 av03 av04 av05
1      1   10    1   11   21    5
2      3   13    3   15   25    7
............................
n     20   16    5   17   19    4
```

Example ソースプログラム　"t262.ssc"を以下のように作成する。

```
wdlkm1  <-c("av02","av05")                                    # 削除項目名の定義
wslkm1  <-names(t22dt1)[is.na(match(names(t22dt1),wdlkm1))]   # 選択項目名の作成
wt262dt1<-t22dt1[,wslkm1]                                      # 項目抽出処理
```

上記のソースを実行するには、Sのコマンドウィンドウで以下のように入力する。
>source("t262.ssc")

Sのコマンドウィンドウで以下のように入力すると、格納されたデータが表示される。
>wt262dt1

```
  datano av01 av03 av04
1      1   10   11   21
2      3   13   15   25
.....................
n     20   16   17   19
```

Explanation ソースプログラムの説明

```
  #
  # 処理概要：t22dt1の項目を削除し結果をwt262dt1に格納する
  #
    wdlkm1    <-c("av02","av05")                                  # 削除項目名の定義
  # -------    -- -------------
  # |          |  |
  # |          |  +-- 削除項目名
  # |          +-- 複数の項目名を1つのオブジェクトにする
  # +-- 削除項目名全体の名前
    wslkm1   <-names(t22dt1)[is.na(match(names(t22dt1),wdlkm1))]  # 選択項目名の作成
  # -------    ------------- ------ -----------------------------
  # |          |             |      |
  # |          |             |      +-- 全列名と削除列名の比較
  # |          |             +-- 削除列名以外の列指定(T or F)
  # |          +-- 全列名より削除列名以外の列名
  # +-- 削除列名以外の列名(選択項目名)の保存
    wt262dt1<-t22dt1[,wslkm1]                                     # 項目抽出処理
  # --------   ----- -- ------
  # |          |     |  |
  # |          |     |  +-- 抽出項目の指定
  # |          |     +-- すべての行を対象
  # |          +-- 抽出対象データ
  # +-- 抽出結果データ
```

2.5.3 特定条件の行抽出

CASE 1

以下のようなデータ("t22dt1")がある。このデータから、項目"av02"が"1"の特定条件でレコードを抽出する。

データ "t22dt1"の内容

	datano	av01	av02	av03	av04	av05
1	1	10	1	11	21	5
2	2	13	3	15	25	7
....							
n	20	16	5	17	19	4

Example ソースプログラム "t2631.ssc"を以下のように作成する。

```
wt2631dt1<-t22dt1[t22dt1[,"av02"]==1,]      # 特定条件の行選択処理
```

上記のソースを実行するには、Sのコマンドウィンドウで以下のように入力する。
>source("t2631.ssc")

Sのコマンドウィンドウで以下のように入力すると、格納されたデータが表示される。
>wt2631dt1

	datano	av01	av02	av03	av04	av05
1	1	10	1	11	21	5
7	10	13	1	20	43	5
8	11	12	1	21	51	6

"t22dt1"と"wt2631dt1"を比較することで、"av02"が'1'のレコードが抽出されていることが確認できる。

Explanation ソースプログラムの説明

```
#
# 処理概要: t22dt1の特定条件の行選択をし結果をwt2631dt1に格納する
#
  wt2631dt1<-t22dt1[t22dt1[,"av02"]==1,]      # 特定条件の行選択処理
# ---------   ------  ----------------   --
# |           |       |                  |
# |           |       |                  +-- すべての項目を指定
# |           |       +-- 対象とする行の条件
# |           |           t22dt1[,"av02"]==1の行を対象とする
# |           +-- 抽出対象データ
# +-- 抽出結果データ
```

CASE 2

データ("t22dt1")から、項目"av02"が"1"で、"av05"が"5"以上の特定条件でレコードを抽出する。

Example ソースプログラム "t2632.ssc"を以下のように作成する。

```
                                        # 特定条件の行選択処理
wt2632dt1<-t22dt1[
                  t22dt1[,"av02"]==1 &
                  t22dt1[,"av05"]>=5
                  ,]
```

上記のソースを実行するには、Sのコマンドウィンドウで以下のように入力する。
>source("t2632.ssc")
Sのコマンドウィンドウで以下のように入力すると、格納されたデータが表示される。
>wt2632dt1

	datano	av01	av02	av03	av04	av05
1	1	10	1	11	21	5
7	10	13	1	20	43	5
8	11	12	1	21	51	6

"t22dt1"と"wt2632dt1"を比較することで、"av02"==1で"av05">=5"のレコードが抽出されていることが確認できる。

Explanation ソースプログラムの説明

```
#
# 処理概要： t22dt1の特定条件の行選択をし結果をwt2732dt1に格納する
#
                                                  # 特定条件の行選択処理
  wt2632dt1<-t22dt1[
                                        # 行の抽出条件
                  t22dt1[,"av02"]==1 &  # "av02"==1 and
                  t22dt1[,"av05"]>=5    # "av05"<=5
                  ,]                    # すべての項目を指定
# --------  ------
# |          |
# |          +-- 抽出対象データ
# +-- 抽出結果データ
```

2.5.4　特定条件の行削除

CASE 1

　以下のようなデータ("t2641dt1")がある。このデータから"dlt01"が'1'のレコードを削除する。("t2641dt1"のデータは、source("t2641st.ssc")を使用して作成する。)

データ　"t2641dt1"の内容

```
   datano av01 av02 av03 av04 av05 dlt01
1       1   10    1   11   21    5     0
2       2    9    4   20   24    1     1
3       3   13    3   15   25    7     0
4       4   15    2   12   32    4     0
............................................
18     18   NA   NA   NA   NA   NA     1
19     19   NA   NA   NA   NA   NA     1
20     20   16    5   17   19    4     0
```

Example ソースプログラム　"t2641.ssc"を以下のように作成する。

```
wt2641dt1<-t2641dt1[t2641dt1[,"dlt01"]!=1,]      # 特定条件の行削除処理
```

　上記のソースを実行するには、Sのコマンドウィンドウで以下のように入力する。
　>source("t2641.ssc")

Sのコマンドウィンドウで以下のように入力すると、格納されたデータが表示される。
　>wt2641dt1

```
   datano av01 av02 av03 av04 av05 dlt01
1       1   10    1   11   21    5     0
3       3   13    3   15   25    7     0
4       4   15    2   12   32    4     0
5       5   17    2   13   33    2     0
7       7   19    3   14   44    1     0
8       8   11    3   19   42    3     0
10     10   13    1   20   43    5     0
11     11   12    1   21   51    6     0
15     15   18    2   17   53    3     0
20     20   16    5   17   19    4     0
```

　"t2641dt1"と"wt2641dt1"を比較することで、"dlt01"==1のレコードが削除されていることが確認できる。

Explanation 〉ソースプログラムの説明

```
#
# 処理概要： t2641dt1の特定条件の行削除をし結果をwt2641dt1に格納する
#
  wt2641dt1<-t2641dt1[t2641dt1[,"dlt01"]!=1,]      # 特定条件の行削除処理
# ---------  -------  --------------------  --
# |          |        |                     |
# |          |        |                     +-- すべての項目を選択
# |          |        +-- 行抽出条件(削除しない条件)
# |          +-- 行削除対象データ
# +-- 行削除結果データ
```

CASE 2

以下のような削除対象データ("t2642dt1")および削除条件データ("t2642dt2")がある。("t2642dt2"のデータは、source("t2642st.ssc")を使用して作成する。)"t2642dt2"のデータの"dlt01"が'1'のレコードを削除する。なお、"t2642dt1"と"t2642dt2"は同じ行数とする。

削除対象データ　"t2642dt1"の内容

	datano	av01	av02	av03	av04	av05
1	1	10	1	11	21	5
2	2	9	4	20	24	1
3	3	13	3	15	25	7
4	4	15	2	12	32	4
...	...	...	...	...	...	...
18	18	NA	NA	NA	NA	NA
19	19	NA	NA	NA	NA	NA
20	20	16	5	17	19	4

削除条件データ　"t2642dt2"の内容

	datano	dlt01
1	1	0
2	2	1
3	3	0
4	4	0
...	...	...
18	18	1
19	19	1
20	20	0

Example ソースプログラム "t2642.ssc" を以下のように作成する。

```
wt2642dt1<-t2642dt1[t2642dt2[,"dlt01"]!=1,]    # 特定条件の行削除処理
```

上記のソースを実行するには、Sのコマンドウィンドウで以下のように入力する。
  >source("t2642.ssc")
Sのコマンドウィンドウで以下のように入力すると、格納されたデータが表示される。
  >wt2642dt1

```
   datano av01 av02 av03 av04 av05
1       1   10    1   11   21    5
3       3   13    3   15   25    7
4       4   15    2   12   32    4
................................
11     11   12    1   21   51    6
15     15   18    2   17   53    3
20     20   16    5   17   19    4
```

"t2642dt1"、"t2642dt2" および "wt2642dt1" を比較することで、"t2642dt2" の "dlt01"==1のレコードが削除されていることが確認できる。

Explanation ソースプログラムの説明

```
#
# 処理概要：t2642dt1をt2642dt2の特定条件で行削除をし結果をwt2642dt1に格納する
#
  wt2642dt1<-t2642dt1[t2642dt2[,"dlt01"]!=1,]    # 特定条件の行削除処理
# ---------  --------  --------------------  --
# |          |         |                     |
# |          |         |                     +-- すべての項目を選択
# |          |         +-- 行抽出条件(削除しない条件)
# |          +-- 行削除対象データ
# +-- 行削除結果データ
```

2.5.5 特定条件の項目の未入力化
CASE 1

以下のようなデータ("t2651dt1")がある。このデータの"km05d"が'1'の場合に、"av05"を未入力化する。("t2651dt1"のデータは、source("t2651st.ssc")を使用して作成する。)

データ　"t2651dt1"の内容

	datano	av01	av02	av03	av04	av05	dlt01	km05d
1	1	10	1	11	21	5	0	0
2	2	9	4	20	24	1	1	1
3	3	13	3	15	25	7	0	0
4	4	15	2	12	32	4	0	0
....
18	18	NA	NA	NA	NA	NA	1	0
19	19	NA	NA	NA	NA	NA	1	0
20	20	16	5	17	19	4	0	1

Example ソースプログラム　"t2651.ssc"を以下のように作成する。

```
wt2651dt1<-t2651dt1                              # 未入力化対象データの作成
wt2651dt1[wt2651dt1[,"km05d"]==1,"av05"]<-NA    # 特定条件項目の未入力化
```

上記のソースを実行するには、Sのコマンドウィンドウで以下のように入力する。
```
>source("t2651.ssc")
```
Sのコマンドウィンドウで以下のように入力すると、格納されたデータが表示される。
```
>wt2651dt1
```

	datano	av01	av02	av03	av04	av05	dlt01	km05d
1	1	10	1	11	21	5	0	0
2	2	9	4	20	24	NA	1	1
3	3	13	3	15	25	7	0	0
....
18	18	NA	NA	NA	NA	NA	1	0
19	19	NA	NA	NA	NA	NA	1	0
20	20	16	5	17	19	NA	0	1

"t2651dt1"と"wt2651dt1"を比較することで、"kmd05d"==1の行の項目"av05"が未入力化されていることが確認できる。

Explanation ソースプログラムの説明

```
#
# 処理概要： t2651dt1の特定条件項目の未入力化をし結果をwt2651dt1に格納する
#
  wt2651dt1<-t2651dt1                            # 未入力化対象データの作成
# ---------- --------
# |          |
# |          +-- 未入力化対象データ
# +-- 未入力化対象データのワーク
  wt2651dt1[wt2651dt1[,"km05d"]==1,"av05"]<-NA   # 特定条件項目の未入力化
# ---------  ---------------------  -----   --
# |          |                      |       |
# |          |                      |       +-- データ未入力状態の値
# |          |                      +-- データ未入力化対象項目名
# |          +-- 未入力化条件
# +-- 未入力化対象データ
```

CASE 2

以下のような未入力化対象データ("t2652dt1")および未入力化条件データ("t2652dt2")がある。(これらのデータは、source("t2652st.ssc")を使用して作成する。)"t2652dt2"の"km05d"が'1'の場合に、"t2652dt1"の"av05"を未入力化する。なお、"t2652dt1"と"t2652dt2"は同じ行数とする。

未入力化対象データ　"t2652dt1"の内容

	datano	av01	av02	av03	av04	av05
1	1	10	1	11	21	5
2	2	9	4	20	24	1
3	3	13	3	15	25	7
4	4	15	2	12	32	4
..	......	....	....	....	....	....
18	18	NA	NA	NA	NA	NA
19	19	NA	NA	NA	NA	NA
20	20	16	5	17	19	4

未入力化条件データ　"t2652dt2"の内容

	datano	dlt01	km05d
1	1	0	0
2	2	1	1
3	3	0	0
4	4	0	0
..	......	.....	.....
18	18	1	0
19	19	1	0
20	20	0	1

Example ソースプログラム　"t2652.ssc"を以下のように作成する。

```
wt2652dt1<-t2652dt1                                  # 未入力化対象データの作成
wt2652dt1[t2652dt2[,"km05d"]==1,"av05"]<-NA          # 特定条件項目の未入力化
```

上記のソースを実行するには、Sのコマンドウィンドウで以下のように入力する。
```
>source("t2652.ssc")
```

Sのコマンドウィンドウで以下のように入力すると、格納されたデータが表示される。
```
>wt2652dt1
```

```
   datano av01 av02 av03 av04 av05
1       1   10    1   11   21    5
2       2    9    4   20   24   NA
3       3   13    3   15   25    7
4       4   15    2   12   32    4
............................
18     18   NA   NA   NA   NA   NA
19     19   NA   NA   NA   NA   NA
20     20   16    5   17   19   NA
```

"t2652dt1"、"t2652dt2"および"wt2652dt1"を比較することで、"kmd05d"==1 の行の項目"av05"が未入力化されていることが確認できる。

Explanation ソースプログラムの説明

```
#
# 処理概要：t2652dt1をt2652dt2の特定条件項目で未入力化をし結果をwt2652dt1に格納する
#
   wt2652dt1<-t2652dt1                           # 未入力化対象データの作成
# --------- --------
# |         |
# |         +-- 未入力化対象データ
# +-- 未入力化対象データのワーク
   wt2652dt1[t2652dt2[,"km05d"]==1,"av05"]<-NA   # 特定条件項目の未入力化
# --------- --------------------- ----- --
# |         |                     |     |
# |         |                     |     +-- データ未入力状態の値
# |         |                     +-- データ未入力化対象項目名
# |         +-- 未入力化条件
# +-- 未入力化対象データ
```

CASE 3

以下のようなデータ("t2651dt1")がある。このデータで"av05">='7'の場合に、"av05"を未入力化する。("t2651dt1"のデータは、source("t2651st.ssc")を使用して作成する。)

データ　"t2651dt1"の内容

```
   datano av01 av02 av03 av04 av05 dlt01 km05d
1       1   10    1   11   21    5     0     0
2       2    9    4   20   24    1     1     1
3       3   13    3   15   25    7     0     0
4       4   15    2   12   32    4     0     0
............................................
18     18   NA   NA   NA   NA   NA     1     0
19     19   NA   NA   NA   NA   NA     1     0
20     20   16    5   17   19    4     0     1
```

Example ソースプログラム　"t2653.ssc"を以下のように作成する。

```
wt2653dt1<-t2651dt1                                    # 未入力化対象データの作成
wt2653dt1[is.na(wt2653dt1[,"av05"]) |
             wt2653dt1[,"av05"]>=7,
         "av05"] <- NA                                 # 特定条件項目の未入力化
```

上記のソースを実行するには、Sのコマンドウィンドウで以下のように入力する。
　>source("t2653.ssc")

Sのコマンドウィンドウで以下のように入力すると、格納されたデータが表示される。
　>wt2653dt1

```
   datano av01 av02 av03 av04 av05 dlt01 km05d
1       1   10    1   11   21    5     0     0
2       2    9    4   20   24    1     1     1
3       3   13    3   15   25   NA     0     0
............................................
18     18   NA   NA   NA   NA   NA     1     0
19     19   NA   NA   NA   NA   NA     1     0
20     20   16    5   17   19    4     0     1
```

"t2651dt1"と"wt2653dt1"を比較することで、"av05">=7の行の項目"av05"が未入力化されていることが確認できる。

Explanation ソースプログラムの説明

```
#
# 処理概要：t2652dt1の特定条件項目の未入力化をし結果をwt2653dt1に格納する
#
  wt2653dt1<-t2652dt1                           # 未入力化対象データの作成
# ---------- --------
# |          |
# |          +-- 未入力化対象データ
# +-- 未入力化対象データのワーク
  wt2653dt1[is.na(wt2653dt1[,"av05"]) |
            wt2653dt1[,"av05"]>=7,
            "av05"] <- NA                       # 特定条件項目の未入力化
# --------- ----- ----
# |         |     |
# |         |     +-- データ未入力状態の値
# |         +-- 未入力化条件
# |             データ未入力化対象項目名
# +-- 未入力化対象データ
```

第6節　複数回答項目のデータ処理

ここでは、複数項目データの処理について説明する。

2.6.1　複数回答項目データの縦のばし処理（data.frame用）

CASE

以下のようなデータ（"t271dt1"）がある。（このデータは、source("t271st.ssc")を使用して作成する。）

データ　"t271dt1"の内容

```
        ------------ 共通項目 -----------    複数回答1    複数回答2    複数回答3
    datano av01 av02 av03 av04 av05  am1v1 am1v2  am2v1 am2v2  am3v1 am3v2
1      1    10    1    11   21    5      1     1      2     1      2     1
2      3    13    3    15   25    7      2     2      3     2      1     2
........................................................................
n     20    16    5    17   19    4      3     2      2     3      3     3
```

このデータの縦のばしをする。縦のばしをしたデータ（wt271dt1）は、以下のとおりである。

```
                                              +-- 複数回答の位置 (1-3)
                                              |    +-- 変換前
                                              |    |  am1v1 am2v1 am3v1
                                              |    |    +-- 変換前
                                              |    |    |  am1v2 am2v2 am3v2
                                              |    |    |
                                            ------ ------ ------

            ---------------- 共通項目 ---------------   ------- 複数回答 -------
       datano  av01  av02  av03  av04  av05   amxv0  amxv1  amxv2
  1-1     1    10    1    11    21    5        1      1      1
  1-2     1    10    1    11    21    5        2      2      1
  1-3     1    10    1    11    21    5        3      2      1
  2-1     3    13    3    15    25    7        1      2      2
  2-2     3    13    3    15    25    7        2      3      2
  2-3     3    13    3    15    25    7        3      1      2
  ...................................................................
  ...................................................................
  3n-1   20    16    5    17    19    4        1      3      2
  3n-2   20    16    5    17    19    4        2      2      3
  3n-3   20    16    5    17    19    4        3      3      3
  ----------------------------------------------------------------
```

ここでは、プログラムの説明は行わずにプログラムの紹介だけをする。プログラムは、"t271d.ssc(dataframe)"および"t271m.ssc(matrix)"の2つあるが、ここでは"t271d.ssc"を紹介する。

CASE 1

データ形式が"dataframe"とする。("dataframe"は、数値と文字の両方の情報を扱うことができる。)

Example ソースプログラム "t271d.ssc"を以下のように作成する。

```
#
# 2.7.1 Example t271d.ssc (for DataFrame) make data t271st.ssc
#
#                                                        # 共通項目名
  wcomvarnm<-c("datano","av01","av02","av03","av04","av05")
#                                                        # 縦のばし項目名
  wmxvonm   <-c("am1v1","am1v2",
                "am2v1","am2v2",
                "am3v1","am3v2")
#                                                        # 縦のばし後項目名
  wmxvnnm <-c("amxv0","amxv1","amxv2")
#                                                        # 複数回答数(繰り返し数)
  wgn   <- 3
#                                                        # 縦のばし後項目数
  wgkn <- length(wmxvonm)/wgn
#                                                        # 行名保存
  wclnm <- dimnames(t271dt1)[[1]]
#                                                        # 縦のばし
#                                                        # 共通項目の作成
  wk001 <- t271dt1
  for (wi in 1:wgn) {
    if (wi == 1) {
      wk002x11 <- wk001[,wcomvarnm]
    } else {
      wk002x11 <- rbind(wk002x11,wk001[,wcomvarnm])
    }
  }
#                                                        # 縦のばし項目の作成
  wk002x21 <- wk001[,wmxvonm]
  wrecn <- dim(wk002x21)[[1]]
  wk002kn <- 2
```

```
    for (wi in 1:wgn) {
      wjls <- (wi - 1) * wk002kn + 1
      wjle <- wjls + wk002kn - 1
      wk002x22 <- cbind(rep(wi,wrecn),wk002x21[,wjls:wjle])
      dimnames(wk002x22)[[2]] <- wmxvnnm
      if (wi == 1) {
        wk002x23 <- wk002x22
      } else {
        wk002x23 <- rbind(wk002x23,wk002x22)
      }
    }
#                                                          # 共通項目 &
#                                                          # 縦のばし項目の結合
  wk002x31 <- cbind(wk002x11,wk002x23)
#                                                          # データのソート
  wk002x3  <- wk002x31[order(wk002x31[,"datano"],wk002x31[,"amxv0"]),]
#                                                          # 行名作成
  dimnames(wk002x3)[[1]] <- paste(
      rep(wclnm,rep(wgn,length(wclnm))),
      paste("-",rep(1:wgn,length(wclnm)),sep=""),
      sep="")
#                                                          # 結果の保存
  wt271ddt1 <- wk002x3
#                                                          # 結果のプリント
  print(wt271ddt1)
#
```

CASE 2

データ形式が"matrix"とする。("matrix"は、数値情報のみ扱うことができる。)
プログラムは、"t271d.ssc(dataframe)"および"t271m.ssc(matrix)"の2つあるが、ここでは"t271m.ssc"を紹介する。

Example ソースプログラム "t271m.ssc"を以下のように作成する。

```
#
# 2.7.1 Example t271m.ssc (for Matrix) make data t271st.ssc
#
  wcomvarnm<-c("datano","av01","av02","av03","av04","av05")      # 共通項目名
#                                                                 # 縦のばし項目名
  wmxvonm   <-c("am1v1","am1v2",
                "am2v1","am2v2",
                "am3v1","am3v2")
  wmxvnnm <-c("amxv0","amxv1","amxv2")                            # 縦のばし後項目名
  wx1 <- as.matrix(t271dt1[,wcomvarnm])                           # 共通項目抜き取り
  wx2 <- as.matrix(t271dt1[,wmxvonm])                             # 縦のばし項目抜き取り
  wgn <- 3                                                        # 複数回答数(繰り返し数)
                                                                  # 縦のばし
  wx3 <- cbind(
                                                                  # 共通項目の繰り返し
                matrix(rep(wx1,rep(wgn,dim(wx1)[1]*dim(wx1)[2])),
                       ncol=length(wcomvarnm)),
                                                                  # 複数回答位置(インデックス)
                rep(1:wgn,dim(wx1)[1]),
                                                                  # 複数回答の縦のばし
                matrix(t(wx2),ncol=length(wmxvonm)/wgn,byrow=T)
              )
  dimnames(wx3) <- list(NULL,c(wcomvarnm,wmxvnnm))                # 行名・列名をセット
  wt271dt1<-data.frame(wx3)                                       # wt271dt1に結果をセット
#
```

2.6.2 複数回答項目データの指定位置の抽出処理
CASE

以下のようなデータ("t271dt1")がある。(このデータは、source("t271st.ssc")を使用して作成する。)

データ　"t271dt1"の内容

```
        ------------ 共通項目 ------------    複数回答1      複数回答2      複数回答3
        datano  av01  av02  av03  av04  av05  am1v1  am1v2  am2v1  am2v2  am3v1  am3v2
   1       1    10    1     11    21    5     1      1      2      1      2      1
   2       3    13    3     15    25    7     2      2      3      2      1      2
   ...........................................................................
   n      20    16    5     17    19    4     3      2      2      3      3      3


        ---------------- 共通項目 ----------------    ----- 複数回答最小値 -----
        datano  av01  av02  av03  av04  av05         amxv0   amxv1   amxv2
  1-?       1    10    1     11    21    5            1       1       1
  2-?       3    13    3     15    25    7            1       2       2
  ..........................................................................
  ..........................................................................
  3n-?     20    16    5     17    19    4            1       3       2
```

抽出条件は、複数回答項目"am1v1"、"am2v1"、"am3v1"の最小値を抽出し、項目名を統一する。

抽出結果は以下のとおりとなる。

```
      datano  av01  av02  av03  av04  av05  amxv0  amxv1  amxv2
  1       1    10    1     11    21    5     1      1      1
  2       3    13    3     15    25    7     3      1      2
  3       4    15    2     12    32    4     2      1      3
  4       5    17    2     13    33    2     1      1      3
  5       7    19    3     14    44    1     2      2      3
  6       8    11    3     19    42    3     1      2      1
  7      10    13    1     20    43    5     2      1      3
  8      11    12    1     21    51    6     1      1      3
  9      15    18    2     17    53    3     3      1      1
 10      20    16    5     17    19    4     2      2      3
```

ここでは、プログラムの説明は行わず、プログラムの紹介だけをする。

Example ソースプログラム "t272.ssc" を以下のように作成する。

```
#
# 2.7.2 Example t272.ssc
#
  wcomvarnm<-c("datano","av01","av02","av03","av04","av05")     # 共通項目名
                                                                 # 縦のばし項目名
  wmxvonm  <-c("am1v1","am1v2",
               "am2v1","am2v2",
               "am3v1","am3v2")
  wmxvnnm <-c("amxv0","amxv1","amxv2")                           # 縦のばし後項目名
  wmxselnm<-c("am1v1","am2v1","am3v1")                           # 抽出条件項目
  wx1 <- as.matrix(t271dt1[,wcomvarnm])                          # 共通項目抜き取り
  wx2 <- as.matrix(t271dt1[,wmxvonm])                            # 縦のばし項目抜き取り
  wx3 <- as.matrix(t271dt1[,wmxselnm])                           # 抽出条件項目抜き取り
                                                                 # 最小値の位置作成(抜き取り位置)
  wind<- apply(wx3,1,order)[1,]                                  # 行別抽出グループインデックス
  wicm1<-3                                                       # 複数回答数(繰り返し数)
  wirm1<-dim(wx2)[1]                                             # 行数
  wicm2<-dim(wx2)[2]/wicm1                                       # グループ内項目数
                                                                 # 共通項目・指定位置の抽出処理
  wx4   <-cbind(
                wx1,                                             # 共通項目
                wind,                                            # 複数回答位置(インデックス)
                matrix(                                          # 指定位置の抽出
                       wx2[(wind-1)*wicm2*wirm1 + 1:(wicm2*wirm1)],
                       ncol=wicm2
                       )
                )
  dimnames(wx4) <- list(NULL,c(wcomvarnm,wmxvnnm))               # 列名をセット
  wt272dt1<-data.frame(wx4)                                      # wtstdt7tt2に結果をセット
#
```

第7節　データのカテゴライズ&文字表示

ここでは、カテゴリカルデータの名称表示データの作成、新しくカテゴライズする方法について説明する。

> **NOTE**
>
> 表示名には、表示名の順序にならないよう表示名の前にコード(区分)を付けるようにする。

2.7.1　カテゴリカルデータの名称表示データの作成

> **NOTE**
>
> ここで説明する方法は、factor変数になるので注意すること。

CASE 1

コードが数値、表示名が文字で、以下のようなデータ(textdt/fjotai.txt)がある。

1,1:Best
2,2:Better
3,3:Good
4,4:Bad

このデータを、読み込みオブジェクトとして保存する。

Example ソースプログラム　"fjotai.ssc"を以下のように作成する。

```
#
# 2.8.1 (1) Example fjotai.ssc
#
  wfjotai.what <- list(code=0,cdnm=" ") # 項目名とデータ形式の定義
                                        # textdt/fjotai.txtを読み込みfjotaiに格納
  fjotai <- data.frame(scan(file="textdt/fjotai.txt",what=wfjotai.what,sep=","))
```

上記のソースを実行するには、Sのコマンドウィンドウで以下のように入力する。
>source("fjotai.ssc")

Sのコマンドウィンドウで以下のように入力すると、格納されたデータが表示される。
>fjotai

	code	cdnm
1	1	1:Best
2	2	2:Better
3	3	3:Good
4	4	4:Bad

"fjotai"の属性表示は、以下のとおりである。
   >attributes(fjotai)

```
$names:
[1] "code" "cdnm"
$row.names:
[1] "1" "2" "3" "4"
$class:
[1] "data.frame"
>fjotai[1,"cdnm"]
```

"fjotai"の1行目の列名を出力するには、以下のとおりである。
   >fjotai[1,"cdnm"]

```
[1] 1:Best
Levels:
[1] "1:Best" "2:Better" "3:Good" "4:Bad"
```

[Explanation] ソースプログラムの説明

```
#
# 処理概要： textdt/fjotai.txtを読み込み結果をfjotaiに格納する
#
  wfjotai.what <- list(code=0,cdnm=" ")        # 項目名とデータ形式の定義
# -------------     ---- ------ ---------
# |                 |    |      |
# |                 |    |      +--  表示変数名(文字)
# |                 |    +--  コード変数名(数値)
# |                 +--  リスト構造指定
# +--  項目名とデータ形式の定義オブジェクト名
                                                 # textdt/fjotai.txtを読み込みfjotaiに格納
  fjotai <- data.frame(scan(file="textdt/fjotai.txt",what=wfjotai.what,sep=","))
# ------    ----------  ----  ---------------------   -----------------   -------
# |         |           |     |                       |                   |
# |         |           |     |                       |                   +-- セパレータ
# |         |           |     |                       +--  項目名とデータ形式
# |         |           |     +--  テキストデータ
# |         |           +--  読み込み指示
# |         +--  保存形式
# +--  保存オブジェクト名
```

CASE 2

コードと表示名がともに文字で、以下のようなデータ(textdt/fjotai1.txt)がある。

NOTE

本来は扱い方が難しいので、コードは数値であることが望ましい。

```
Best,1:Best
Better,2:Better
Good,3:Good
Bad,4:Bad
```

このデータを、読み込みオブジェクトとして保存する。

Example ソースプログラム "fjotai1.ssc" を以下のように作成する。

```
wfjotai1.what <- list(code=" ",cdnm=" ")    # 項目名とデータ形式の定義
                                             # textdt/fjotai1.txtを読み込みfjotai1に格納
fjotai1 <- data.frame(scan(file="textdt/fjotai1.txt",what=wfjotai1.what,sep=","))
```

上記のソースを実行するには、Sのコマンドウィンドウで以下のように入力する。
　>source("fjotai1.ssc")

Sのコマンドウィンドウで以下のように入力すると、格納されたデータが表示される。
　>fjotai1

	code	cdnm
1	Best	1:Best
2	Better	2:Better
3	Good	3:Good
4	Bad	4:Bad

Explanation ソースプログラムの説明

```
#
# 処理概要： textdt/fjotai1.txtを読み込み結果をfjotai1に格納する
#
  wfjotai1.what <- list(code=" ",cdnm=" ")          # 項目名とデータ形式の定義
# ---------------   ---- --------  ---------
# |                  |    |        |
# |                  |    |        +-- 表示変数名(文字)
# |                  |    +-- コード変数名(数値)
# |                  +-- リスト構造指定
# +-- 項目名とデータ形式の定義オブジェクト名
#                                              # textdt/fjotai1.txtを読み込みfjotai1に格納
  fjotai1 <- data.frame(scan(file="textdt/fjotai1.txt",what=wfjotai1.what,sep=","))
# -------    --------- ---- ---------------------- ------------------ --------
# |             |        |    |                      |                  |
# |             |        |    |                      |                  +-- セパレータ
# |             |        |    |                      +-- 項目名とデータ形式
# |             |        |    +-- テキストデータ
# |             |        +-- 読み込み指示
# |             +-- 保存形式
# +-- 保存オブジェクト名
```

NOTE

作成された表示データ("fjotai")を文字に変換する。上記で作成されたオブジェクトをそのまま使用すると、以下のようになる。

```
>fjotai[1,"cdnm"]
[1] 1:Best
Levels:
[1] "1:Best" "2:Better" "3:Good" "4:Bad"
```

このままでは利用しにくいので、以下のように少し変換すると、対象となる文字が抽出される。

```
>as.character(fjotai[1,"cdnm"])
[1] "1:Best"
```

2.7.2　ある項目から新規にカテゴリカル項目を作成する方法

CASE 1

特定の範囲（使用者が自由に設定）で順序よくカテゴライズする。分と秒で表示されている時間を秒に変換し、その範囲を以下のとおりに分ける。

　　　1：0-4m59s
　　　2：5m-9m59s
　　　3：10m-

以下のようなデータ（"t2821dt"）がある。（このデータは、source("t2821st.ssc")を使用して作成する。）

データ　"t2821dt"の内容

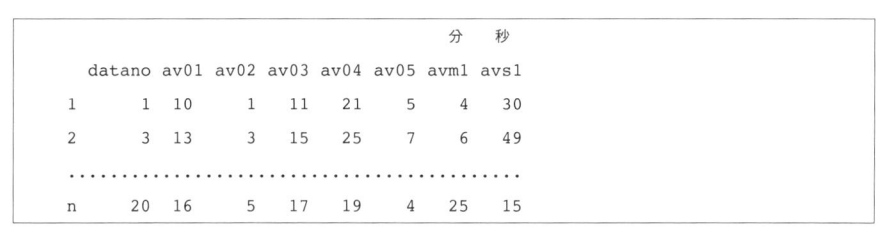

	datano	av01	av02	av03	av04	av05	分 avm1	秒 avs1
1	1	10	1	11	21	5	4	30
2	3	13	3	15	25	7	6	49
...	...	...	...	...	...	...	...	...
n	20	16	5	17	19	4	25	15

Example　ソースプログラム　"t2821.ssc"を以下のように作成する。

```
wctgm <- as.numeric(t2821dt[,"avm1"])            # 分の抽出
wctgs <- as.numeric(t2821dt[,"avs1"])            # 秒の抽出
wctgtmna <- is.na(wctgm) & is.na(wctgs)          # 分・秒が未入力
wctgm[is.na(wctgm)] <- 0                         # 分の未入力を0にする
wctgs[is.na(wctgs)] <- 0                         # 秒の未入力を0にする
wctgtime <- wctgm*60 + wctgs                     # 時間(分・秒)を秒に変換
#                                                # カテゴライズの開始
wctgtm0 <- !wctgtmna                             # not NA
wctgtm1 <- wctgtime>=0 &                         # 0<= time <4m59s
           wctgtime<300
wctgtm2 <- wctgtime>=300 &                       # 5m<= time <9m59s
           wctgtime<600
wctgtm3 <- wctgtime>=600                         # 10m<= time
wctgtm4 <- wctgtm0 & !wctgtm1 &                  # other
           !wctgtm2 & !wctgtm3
#                                                # カテゴライズ
wctgtmx <- wctgtm1*1 + wctgtm2*2 +
           wctgtm3*3 + wctgtm4*4
wctgtmx <- ifelse(wctgtmx==0,NA,wctgtmx)         # set NA
wt2821dt1 <- cbind(t2821dt,wctgtmx)              # 結果の結合(最後に追加)
```

```
#                                          # 列名を追加設定
dimnames(wt2821dt1)[[2]][dim(wt2821dt1)[[2]]] <- "avtmc1"
```

上記のソースを実行するには、Sのコマンドウィンドウで以下のように入力する。
　>source("t2821.ssc")
Sのコマンドウィンドウで以下のように入力すると、格納されたデータが表示される。
　>wt2821dt1

```
  datano av01 av02 av03 av04 av05 avm1 avs1 avtmc1
1      1   10    1   11   21    5    4   30      1
2      3   13    3   15   25    7    6   49      2
............................................
n     20   16    5   17   19    4   25   15      3
```

これで、新しい項目"avtmc1"が追加されていることがわかる。

[Explanation] ソースプログラムの説明

```
#
# 処理概要：t2821dtの"avm1"、"avs1"より"avtmc1"を作り
#           合成結果をwt2821dt1に格納する
  wctgm <- as.numeric(t2821dt[,"avm1"])          # 分の抽出
# ------    ----------  ----------------
# |         |           |
# |         |           +-- t2821dtの分の抽出
# |         +-- 数値にする
# +-- 抽出結果
  wctgs <- as.numeric(t2821dt[,"avs1"])          # 秒の抽出
# ------    ----------  ----------------
# |         |           |
# |         |           +-- t2821dtの秒の抽出
# |         +-- 数値にする
# +-- 抽出結果
  wctgtmna <- is.na(wctgm) & is.na(wctgs)        # 分・秒が未入力
# --------    ------------   ------------
# |           |              |
# |           |              +-- 秒が未入力
# |           +-- 分が未入力
# +-- 分&秒が未入力
```

```
  wctgm[is.na(wctgm)] <- 0                      # 分の未入力を0にする
# ---- -------------     --
# |    |                 |
# |    |                 +-- 0をセットする
# |    +-- 分が未入力を対象
# +-- 分の未入力を0にする対象
  wctgs[is.na(wctgs)] <- 0                      # 秒の未入力を0にする
# ----- ------------     --
# |    |                 |
# |    |                 +-- 0をセットする
# |    +-- 秒が未入力を対象
# +-- 秒の未入力を0にする対象
  wctgtime <- wctgm*60 + wctgs                  # 時間(分・秒)を秒に変換
# --------
# +--時間(分・秒)を秒に変換した結果
#                                               # カテゴライズの開始
  wctgtm0 <- !wctgtmna                          # not NA
# ---------   ---------
# |           |
# |           +-- 分 or 秒が入力
# +-- 分 or 秒が入力状態の結果
  wctgtm1 <- wctgtime>=0 &                      # 0<= time <4m59s
              wctgtime<300
# -----       ---------------------
# |           |
# |           +-- 0<= time <4m59s の条件
# +-- 0<= time <4m59s の結果(T or F)
  wctgtm2 <- wctgtime>=300 &                    # 5m<= time <9m59s
              wctgtime<600
# ------      -----------------------
# |           |
# |           +-- 5m<= time < 9m59s の条件
# +-- 5m<= time < 9m59s の結果(T or F)
  wctgtm3 <- wctgtime>=600                      # 10m<= time
# ------      ---------------
# |           |
# |           +-- 10m<= time の条件
# +-- 10m<= time の結果(T or F)
```

```
  wctgtm4 <- wctgtm0 & !wctgtm1 &                     # other
                    !wctgtm2 & !wctgtm3
# --------
# +-- 上記の3条件に合わないものの結果(T or F)
#                                                   # カテゴライズ
  wctgtmx <- wctgtm1*1 + wctgtm2*2 + wctgtm3*3 + wctgtm4*4
# -------    ---------    ---------    ---------    ---------
# |          |            |            |            |
# |          |            |            |            +-- other を4に
# |          |            |            +-- 10m<= time を3に
# |          |            +-- 5m<= time < 9m59s を2に
# |          +-- 0<= time <4m59s を1に
# +-- カテゴライズ結果
  wctgtmx <- ifelse(wctgtmx==0,NA,wctgtmx)           # set NA
# ------    ----------------------------
# |         |
# |         +-- カテゴライズ結果が0のものをNAにする
# +-- カテゴライズ結果
  wt2821dt1 <- cbind(t2821dt,wctgtmx)                 # 結果の結合(最後に追加)
# ---------    ----------------------
# |            |
# |            +-- t2821dtにカテゴライズ結果wctgtmxを結合
# +-- カテゴライズ結果を結合したデータ
#                                                   # 列名を追加設定
  dimnames(wt2821dt1)[[2]][dim(wt2821dt1)[[2]]] <- "avtmc1"
# ----------------------  --------------------     --------
# |                       |                        |
# |                       |                        +-- 追加列名
# |                       +-- カテゴライズ結果を結合したデータの項目数
# +-- カテゴライズ結果を結合したデータの列名
#
```

CASE 2

以下のようなカテゴライズする順序がバラバラのデータ("t2822dt")がある。(このデータは、source("t2822st.ssc")を使用して作成する。)

データ "t2822dt"の内容

	datano	av01	av02	av03	av04	av05	avc1
1	1	10	1	11	21	5	001
2	3	13	3	15	25	7	002
...	...						
n	20	16	5	17	19	4	003

"avc1"を以下の条件でカテゴライズする。

001,005,101,111,122 　　を1にする。
002,007,131,132,142,150　を2にする。
003,009,141,151,152 　　を3にする。

Example ソースプログラム "t2822.ssc"を以下のように作成する。

```
#                                       # 1のコードテーブル
  cctg1 <- c(001,005,101,111,122)
#                                       # 2のコードテーブル
  cctg2 <- c(002,007,131,132,142,150)
#                                       # 3のコードテーブル
  cctg3 <- c(003,009,141,151,152)
#
  wctgdt <- t2822dt[,"avc1"]                      # カテゴライズ項目の抽出
  wctg0  <- !is.na(wctgdt)                        # not NA
  wctg1  <- !is.na(match(wctgdt,cctg1))           # 1
  wctg2  <- !is.na(match(wctgdt,cctg2))           # 2
  wctg3  <- !is.na(match(wctgdt,cctg3))           # 3
  wctg4  <- wctg0 & !wctg1 & !wctg2 & !wctg3      # etc
  wctgx  <- wctg1*1 + wctg2*2 + wctg3*3 + wctg4*4 # カテゴライズ
  wctgx  <- ifelse(wctgx==0,NA,wctgx)             # set NA
  wt2822dt1 <- cbind(t2822dt,wctgx)               # 結果の結合(最後に追加)
  dimnames(wt2822dt1)[[2]][dim(wt2822dt1)[[2]]] <- "avc11"  # 列名を追加設定
#
```

上記のソースを実行するには、Sのコマンドウィンドウで以下のように入力する。
```
>source("t2822.ssc")
```

Sのコマンドウィンドウで以下のように入力すると、格納されたデータが表示される。
```
>wt2822dt1
```

	datano	av01	av02	av03	av04	av05	avc1	avc11
1	1	10	1	11	21	5	001	1
2	3	13	3	15	25	7	002	2
....
n	20	16	5	17	19	4	003	3

これで、新しい項目"avc11"が追加されていることがわかる。

Explanation ソースプログラムの説明

```
#
# 処理概要：t2822dtの"avc1"より"avc11"を作り
#           合成結果をwt2822dt1に格納する
#
#                                           # 1のコードテーブル
  cctg1 <- c(001,005,101,111,122)
#                                           # 2のコードテーブル
  cctg2 <- c(002,007,131,132,142,150)
#                                           # 3のコードテーブル
  cctg3 <- c(003,009,141,151,152)
#
  wctgdt <- tst282dt[,"avc1"]                # カテゴライズ項目の抽出
# ------   ----------------
# |        |
# |        +-- tst281dtの"avc1"の抽出
# +-- 抽出結果
  wctg0  <- !is.na(wctgdt)                   # not NA
# -----    --------------
# |        |
# |        +-- "avc1"が入力されているか？
# +-- "avc1"が入力されている(T or F)
  wctg1  <- !is.na(match(wctgdt,cctg1))      # 1
# -----    --------------------------
# |        |
# |        +-- cctg1にマッチしているか？
# +-- cctg1にマッチしている(T or F)
```

```
   wctg2    <- !is.na(match(wctgdt,cctg2))                    # 2
# ------    --------------------------
# |         |
# |         +-- cctg2にマッチしているか？
# +-- cctg2にマッチしている(T or F)
   wctg3    <- !is.na(match(wctgdt,cctg3))                    # 3
# ------    --------------------------
# |         |
# |         +-- cctg3にマッチしているか？
# +-- cctg3にマッチしている(T or F)
   wctg4    <- wctg0 & !wctg1 & !wctg2 & !wctg3               # etc
# ------    --------------------------------
# |         |
# |         +-- 入力済でcctg1,cctg2,cctg3でないもの
# +-- etc：上記の三条件以外(T or F)
   wctgx    <- wctg1*1 + wctg2*2 + wctg3*3 + wctg4*4          # カテゴライズ
# -----     -------   -------   -------   -------
# |         |         |         |         |
# |         |         |         |         +-- etcを4に
# |         |         |         +-- cctg3にマッチを3に
# |         |         +-- cctg3にマッチを2に
# |         +-- cctg3にマッチを1に
# +-- カテゴライズ結果
   wctgx    <- ifelse(wctgx==0,NA,wctgx)                      # set NA
# -----     -------------------------
# |         |
# |         +-- カテゴライズ結果が0のものをNAにする
# +-- カテゴライズ結果
   wt2822dt1 <- cbind(t2822dt,wctgx)                          # 結果の結合(最後に追加)
# -------     --------------------
# |           |
# |           +-- tst282dtにカテゴライズ結果wctgxを結合
# +-- カテゴライズ結果を結合したデータ
   dimnames(wt2822dt1)[[2]][dim(wt2822dt1)[[2]]] <- "avc11"   # 列名を追加設定
# ------------------------  --------------------   -------
# |                         |                      |
# |                         |                      +-- 追加列名
# |                         +-- カテゴライズ結果を結合したデータの項目数
# +-- カテゴライズ結果を結合したデータの列名
#
```

第8節　データへの新規項目の追加

　ここでは、データに新しい項目を追加し、項目名(列名)を設定する方法について説明する。

2.8.1　2項目間計算結果のデータへの追加
CASE

　以下のようなデータ("t22dt1")がある。(このデータは、source("t22st.ssc")を使用して作成する。)
データ　"t22dt1"の内容

```
  datano av01 av02 av03 av04 av05
1      1   10    1   11   21    5
2      3   13    3   15   25    7
..............................
n     20   16    5   17   19    4
```

　2項目間の計算方法:「av04 - av03」と「(av04 - av03) / av03」の計算結果を"t22dt1"に追加し、"wt291dt1"を作成する。新変数名は、"avsa1"、"avhi1"とする。

Example ソースプログラム　"t291.ssc"を以下のように作成する。

```
#
  wavsa1 <- t22dt1[,"av04"] - t22dt1[,"av03"]                    # 差の計算
  wavhi1 <- (t22dt1[,"av04"] - t22dt1[,"av03"]) / t22dt1[,"av03"] # 比の計算
  wt291dt1 <- cbind(t22dt1,wavsa1,wavhi1)                         # 結果の結合(最後に追加)
#                                                                 # 列名を追加設定
  dimnames(wt291dt1)[[2]]<-c(dimnames(t22dt1)[[2]],"avsa1","avhi1")
#
```

　上記のソースを実行するには、Sのコマンドウィンドウで以下のように入力する。
　　>source("t291.ssc")
　Sのコマンドウィンドウで以下のように入力すると、格納されたデータが表示される。
　　>wt291dt1

```
  datano av01 av02 av03 av04 av05 avsa1  avhi1
1      1   10    1   11   21    5   10  0.909
2      3   13    3   15   25    7   10  0.667
..................................................
n     20   16    5   17   19    4    2  0.118
```

　これで、差と比が計算されていることがわかる。

Explanation ソースプログラムの説明

```
#
# 処理概要：t22dt1の"av03"、"av04"より"avsa1"、"avhi1"を作り
#           合成結果をwt291dt1に格納する
#
  wavsa1 <- t22dt1[,"av04"] - t22dt1[,"av03"]                         # 差の計算
# -----   -------------------------------
# |       |
# |       +-- t22dt1のすべての行で、"av04"-"av03"の計算をする
# +-- 計算結果をwavsa1に保存
  wavhi1 <- (t22dt1[,"av04"] - t22dt1[,"av03"]) / t22dt1[,"av03"]     # 比の計算
# -----   ------------------------------------------------------
# |       |
# |       +-- t22dt1のすべての行で、("av04"-"av03")/"av03"の計算をする
# +-- 計算結果をwavhi1に保存
  wt291dt1 <- cbind(t22dt1,wavsa1,wavhi1)                             # 結果の結合(最後に追加)
# --------   ---------------------------
# |          |
# |          +-- t22dt1、wavsa1、wavhi1を横方向結合する
# +-- 結合結果をwt291dt1に保存
#                                                                      # 列名を追加設定
  dimnames(wt291dt1)[[2]]<-c(dimnames(t22dt1)[[2]],"avsa1","avhi1"))
# ---------------------   ---------------------------------------
# |                       |
# |                       +-- t22dt1の列名に"avsa1"、"avhi1"を結合
# +-- wt291dt1に列名を設定
#
```

第9節　層別処理の手法

ここでは、データ解析で欠かすことのできない層別処理の方法について説明する。

2.9.1　ある特定項目での一階層の層別処理

CASE

以下のようなデータ("t22dt1")がある。(このデータは、source("t22st.ssc")を使用して作成する。)

データ　"t22dt1"の内容

	datano	av01	av02	av03	av04	av05
1	1	10	1	11	21	5
2	3	13	3	15	25	7
...						
n	20	16	5	17	19	4

一階層の層別処理方法："av02"の項目で層別処理を行い、「**第2章　第11節　データのダンプ**」の項に記載されているように"av02"の名称表示データを"fav02"という名前で作る。

Example ソースプログラム　"t2101.ssc"を以下のように作成する。

```
#
  wlop1  <- sort(unique(t22dt1[,"av02"]))   # t22dt1の"av02"をユニークにして昇順に並べる
  wlop1mx<- length(wlop1)                    # ユニークな"av02"の数
  for (wia in 1:wlop1mx) {                   # 層別処理のループ開始
    wlop1xcd<-wlop1[wia]                     # "av02"の処理対象コード抽出
                                             # "av02"のコード名称
    wlop1xnm<-as.character(fav02[match(wlop1xcd,fav02[,"code"]),"cdnm"])
                                             # t22dt1の処理対象データ抽出
    wt2101dtx<-t22dt1[t22dt1[,"av02"]==wlop1xcd,]
                                             # 層別処理の開始
                                             # 簡単な表示処理
    cat("----",wia,"----\n")
    print(wt2101dtx)
#   ....................................
#   ...... ここに詳細な処理を書く ......
#   ....................................
                                             # 層別処理の終了
  } # end for wia                            # 層別処理のループ終了
```

上記のソースを実行するには、Sのコマンドウィンドウで以下のように入力する。
```
>source("t2101.ssc")
```

実行結果

```
---- 1 ----
  datano av01 av02 av03 av04 av05
1      1   10    1   11   21    5
7     10   13    1   20   43    5
8     11   12    1   21   51    6
---- 2 ----
  datano av01 av02 av03 av04 av05
3      4   15    2   12   32    4
4      5   17    2   13   33    2
9     15   18    2   17   53    3
---- 3 ----
  datano av01 av02 av03 av04 av05
2      3   13    3   15   25    7
5      7   19    3   14   44    1
6      8   11    3   19   42    3
---- 4 ----
   datano av01 av02 av03 av04 av05
10     20   16    5   17   19    4
```

Explanation ソースプログラムの説明

```
#
# 処理概要：t22dt1を"av02"の項目で層別処理をする
#
  wlop1   <- sort(unique(t22dt1[,"av02"]))    # t22dt1の"av02"をユニークにして昇順に並べる
# -----     ---- -----------------------
# |         |    |
# |         |    +-- t22dt1の"av02"をユニークなものにする
# |         +-- 昇順に並べる
# +-- t22dt1の"av02"のユニークなものを昇順に並べた結果
  wlop1mx <- length(wlop1)                               # ユニークな"av02"の数
# -------     -------------
# |           |
# |           +-- wlop1の長さを求める
# +-- wlop1の長さ
```

```
    for (wia in 1:wlop1mx) {                        # 層別処理のループ開始
#   --------------------------
#   +-- wiaを1からwlop1mxまで動かす
      wlop1xcd<-wlop1[wia]                          # "av02"の処理対象コード抽出
#     --------- ----------
#     |           |
#     |           +-- wlop1のwia番目を抽出
#     +-- "wlop1"のwia番目
#                                                   # "av02"のコード名称
      wlop1xnm<-as.character(fav02[match(wlop1xcd,fav02[,"code"]),"cdnm"])
#     -------  --------------------------------------------------------
#     |          |
#     |          +-- wlop1のwia番目のコード名称を文字にする
#     +-- wlop1のwia番目のコード名称
#                                                   # t22dt1の処理対象データ抽出
      wt2101dtx<-t22dt1[t22dt1[,"av02"]==wlop1xcd,]
#     ---------  --------  ------------------- --
#     |           |          |                  |
#     |           |          |                  +-- すべての項目
#     |           |          +-- tst2101dtの"av02"がwlop1xcdと等しい行
#     |           +-- 処理対象データ
#     +-- t22dt1の抽出結果
#                                                   # 層別処理の開始
#                                                   # 簡単な表示処理
      cat("----",wia,"----¥n")
#     ---  ----  ---  ------
#     |     |     |     |
#     |     |     |     +-- "----"と表示して改行する
#     |     |     +-- forループのカウントを表示
#     |     +-- "----"と表示
#     +-- ()内のデータを表示する指示
      print(wt2101dtx)
#     ---------------
#     |
#     +-- 抽出結果を表示
#   .................................
#   ...... ここに詳細な処理を書く .......
#   .................................
    } # end for wia                                 # 層別処理の終了
```

第10節　クロス集計結果からのデータ作成

ここでは、クロス集計結果の表はあるがデータがない場合に、この表の結果よりデータを作成する方法について説明する。

2.10.1　クロス集計結果からのデータ作成1

CASE

以下のようなクロス集計結果があり、各種の解析処理をするためのデータを再度作成する。

		表頭	
		1	2
表側	1	5	2
	2	3	6

表側変数名を "va01"、表頭変数名を "va02" となるように以下のようにデータを作成する。データ名は "wt2111dt" とする。

	va01	va02
1	1	1
2	1	1
3	1	1
4	1	1
5	1	1
6	1	2
7	1	2
8	2	1
9	2	1
10	2	1
11	2	2
12	2	2
13	2	2
14	2	2
15	2	2
16	2	2

Example ソースプログラム　"t2111.ssc"を以下のように作成する。

```
#
  wmat1<-c(                                    # クロス集計結果の入力(行順)
             5,2,
             3,6
           )
  wrow <- 2                                    # クロス集計表の行数
  wcol <- 2                                    # クロス集計表の列数
                                               # クロス集計表をマトリックスにする
  wmat2<-matrix(data=wmat1,nrow=wrow,ncol=wcol,byrow=TRUE)
  wdtmk<-TRUE                                  # PGスイッチのセット
                                               # データ作成処理
  for (wia in 1:wrow) {                        # wiaで1からwrowまでループ
    for (wib in 1:wcol) {                      # wibで1からwcolまでループ
      if (wmat2[wia,wib] != 0) {               # 任意のセルが0以外
        if (wdtmk) {                           # ループの初回のとき
          wdtmk<-FALSE                         # スイッチをFにセット
          wdt1<-rep(wia,wmat2[wia,wib])        # セルの表側データ作成
          wdt2<-rep(wib,wmat2[wia,wib])        # セルの表頭データ作成
        } else {                               # ループの2回目以降のとき
          wdt1<-c(wdt1,rep(wia,wmat2[wia,wib]))  # セルの表側データ作成(追加)
          wdt2<-c(wdt2,rep(wib,wmat2[wia,wib]))  # セルの表頭データ作成(追加)
        } # end if wdtmk
      } # end if (wmat2[wia,wib] != 0)
    } # end for wib
  } # end for wia
  wleng<-sum(wmat1)                            # 作成するデータの行数計算
  wt2111dt<-matrix(data=NA,nrow=wleng,ncol=2)  # n行・2列のマトリックスを作成
  wt2111dt[,1]<-wdt1                           # セルの表側データをセット
  wt2111dt[,2]<-wdt2                           # セルの表頭データをセット
  dimnames(wt2111dt)<-list(NULL,c("va01","va02"))  # 変数名セット(列名)
#
```

上記のソースを実行するには、Sのコマンドウィンドウで以下のように入力する。
```
>source("t2111.ssc")
```

Sのコマンドウィンドウで以下のように入力すると、格納されたデータが表示される。
```
>wt2111dt
```

	va01	va02
1	1	1
2	1	1
3	1	1
4	1	1
5	1	1
6	1	2
7	1	2
8	2	1
9	2	1
10	2	1
11	2	2
12	2	2
13	2	2
14	2	2
15	2	2
16	2	2

[Explanation] ソースプログラムの説明

```
#
# 処理概要： 以下のクロス集計結果より集計用データwt2111dを作成する
#
#             表頭
#           1   2
# 表  1     5   2
# 側  2     3   6
#
  wmat1<-c(                         # クロス集計結果の入力(行順)
              5,2,
              3,6
            )
  wrow <- 2                         # クロス集計表の行数
  wcol <- 2                         # クロス集計表の列数
#                                   # クロス集計表をマトリックスにする
```

```
      wmat2<-matrix(data=wmat1,nrow=wrow,ncol=wcol,byrow=TRUE)
#  -----  --------------------------------------------------
#  |       |
#  |       +-- wmat1をwrow*wcolのマトリックスにする
#  +-- wmat2に保存する
      wdtmk<-TRUE                                       # PGスイッチのセット
                                                        # データ作成処理
      for (wia in 1:wrow) {                             # wiaで1からwrowまでループ
        for (wib in 1:wcol) {                           # wibで1からwcolまでループ
          if (wmat2[wia,wib] != 0) {                    # 任意のセルが0以外
            if (wdtmk) {                                # ループの初回のとき
              wdtmk<-FALSE                              # スイッチをFにセット
              wdt1<-rep(wia,wmat2[wia,wib])             # セルの表側データ作成
            # ----  ----------------------
            # |      |
            # |      +-- 値wiaを各セルに対応した数だけ発生
            # +-- wdt1にセルの表側データを保存
              wdt2<-rep(wib,wmat2[wia,wib])             # セルの表頭データ作成
            # ----  ----------------------
            # |      |
            # |      +-- 値wibを各セルに対応した数だけ発生
            # +-- wdt2にセルの表頭データを保存
            } else {                                    # ループの2回目以降
              wdt1<-c(wdt1,rep(wia,wmat2[wia,wib]))     # セルの表側データ作成(追加)
            # ----  -  ---  ----------------------
            # |      |   |    |
            # |      |   |    +-- 値wiaを各セルに対応した数だけ発生
            # |      |   +-- 前回までのループで作られたデータ
            # |      +-- 前回までのループで作られたデータと今回作られたデータの結合
            # +-- 結合結果
              wdt2<-c(wdt2,rep(wib,wmat2[wia,wib]))     # セルの表頭データ作成(追加)
            # ----  -  ----  ----------------------
            # |      |    |    |
            # |      |    |    +-- 値wibを各セルに対応した数だけ発生
            # |      |    +-- 前回までのループで作られたデータ
            # |      +-- 前回までのループで作られたデータと今回作られたデータの結合
            # +-- 結合結果
            } # end if wdtmk
          } # end if (wmat2[wia,wib] != 0)
```

```
      } # end for wib
    } # end for wia
    wleng<-sum(wmat1)                                   #  作成するデータの行数計算
#   -----  ---------
#   |        |
#   |        +-- すべてのセルの合計
#   +-- すべてのセルの合計結果(発生するデータの行数)
    wt2111dt<-matrix(data=NA,nrow=wleng,ncol=2)         #  n行・2列のマトリックスを作成
#   --------  --------------------------------
#   |              |
#   |              +-- 発生するデータの行数＊2列のNAのマトリックスを作成
#   +-- 作成するデータ
    wt2111dt[,1]<-wdt1                                  #  セルの表側データをセット
#   -----------    -----
#   |                |
#   |                +-- 作られた表側データ
#   +-- 作成するデータの表側
    wt2111dt[,2]<-wdt2                                  #  セルの表頭データをセット
#   -----------    ----
#   |                |
#   |                +-- 作られた表頭データ
#   +-- 作成するデータの表頭
    dimnames(wt2111dt)<-list(NULL,c("va01","va02"))    #  変数名セット(列名)
#   -----------------    --------------------------
#   |                         |
#   |                         +-- 行名に「NULL」列名に「va01,va02」を指示
#   +-- 作成するデータの行名・列名をセット
#
```

2.10.2　クロス集計結果からのデータ作成2

CASE

以下のようなクロス集計結果があり、各種の解析処理をするためのデータを再度作成する。「2.10.1　クロス集計結果からのデータ作成1」の項との違いは、セットするコードを指定することである。

		表	頭
		1	3
表	1	5	2
側	4	3	6

表側変数名を "va01"、表頭変数名を "va02" となるよう以下のようにデータを作成する。データ名は "wt2112dt" とする。

	va01	va02
1	2	1
2	2	1
3	2	1
4	2	1
5	2	1
6	2	3
7	2	3
8	4	1
9	4	1
10	4	1
11	4	3
12	4	3
13	4	3
14	4	3
15	4	3
16	4	3

Example ソースプログラム "t2112.ssc" を以下のように作成する。

```
#
  wmat1<-c(                                    # クロス集計結果の入力(行順)
             5,2,
             3,6
             )
  wv01kb<-c(2,4)                               # "va01"にセットする値
  wv02kb<-c(1,3)                               # "va02"にセットする値
  wrow <- 2                                    # クロス集計表の行数
  wcol <- 2                                    # クロス集計表の列数
                                               # クロス集計表をマトリックスにする
  wmat2<-matrix(data=wmat1,nrow=wrow,ncol=wcol,byrow=TRUE)
  wdtmk<-TRUE                                  # PGスイッチのセット
                                               # データ作成処理
  for (wia in 1:wrow) {                        # wiaで1からwrowまでループ
    for (wib in 1:wcol) {                      # wibで1からwcolまでループ
      if (wmat2[wia,wib] != 0) {               # 任意のセルが0以外
        if (wdtmk) {                           # ループの初回のとき
          wdtmk<-FALSE                         # スイッチをFにセット
          wdt1<-rep(wv01kb[wia],wmat2[wia,wib]) # セルの表側データ作成
          wdt2<-rep(wv02kb[wib],wmat2[wia,wib]) # セルの表頭データ作成
        } else {                               # ループの2回目以降のとき
          wdt1<-c(wdt1,rep(wv01kb[wia],wmat2[wia,wib])) # セルの表側データ作成(追加)
          wdt2<-c(wdt2,rep(wv02kb[wib],wmat2[wia,wib])) # セルの表頭データ作成(追加)
        } # end if wdtmk
      } # end if (wmat2[wia,wib] != 0)
    } # end for wib
  } # end for wia
  wleng<-sum(wmat1)                            # 作成するデータの行数計算
  wt2112dt<-matrix(data=NA,nrow=wleng,ncol=2)  # n行・2列のマトリックスを作成
  wt2112dt[,1]<-wdt1                           # セルの表側データをセット
  wt2112dt[,2]<-wdt2                           # セルの表頭データをセット
  dimnames(wt2112dt)<-list(NULL,c("va01","va02")) # 変数名セット(列名)
```

上記のソースを実行するには、Sのコマンドウィンドウで以下のように入力する。
```
>source("t2112.ssc ")
```

Sのコマンドウィンドウで以下のように入力すると、格納されたデータが表示される。
```
>wt2112dt
```

	va01	va02
1	2	1
2	2	1
3	2	1
4	2	1
5	2	1
6	2	3
7	2	3
8	4	1
9	4	1
10	4	1
11	4	3
12	4	3
13	4	3
14	4	3
15	4	3
16	4	3

Explanation ソースプログラムの説明

```
#
# 処理概要： 以下のクロス集計結果より集計用データwt2112dtを作成する
#
#             表頭
#            1    3
# 表  1      5    2
# 側  4      3    6
#
  wmat1<-c(                              # クロス集計結果の入力(行順)
              5,2,
              3,6
          )
  wv01kb<-c(2,4)                         # "va01"にセットする値
  wv02kb<-c(1,3)                         # "va02"にセットする値
  wrow <- 2                              # クロス集計表の行数
  wcol <- 2                              # クロス集計表の列数
                                         # クロス集計表をマトリックスにする
```

```
    wmat2<-matrix(data=wmat1,nrow=wrow,ncol=wcol,byrow=TRUE)
# ----   -----------------------------------------------
# |     |
# |     +-- wmat1をwrow*wcolのマトリックスにする
# +-- wmat2に保存する
  wdtmk<-TRUE                                            # PGスイッチのセット
                                                         # データ作成処理
  for (wia in 1:wrow) {                                  # wiaで1からwrowまでループ
    for (wib in 1:wcol) {                                # wibで1からwcolまでループ
      if (wmat2[wia,wib] != 0) {                         # 任意のセルが0以外
        if (wdtmk) {                                     # ループの初回のとき
          wdtmk<-FALSE                                   # スイッチをFにセット
          wdt1<-rep(wv01kb[wia],wmat2[wia,wib])          # セルの表側データ作成
          # ----   ------------------------------
          # |     |
          # |     +-- 値wv01kb[wia]を各セルに対応した数だけ発生
          # +-- wdt1にセルの表側データを保存
          wdt2<-rep(wv02kb[wib],wmat2[wia,wib])          # セルの表頭データ作成
          # ----   ------------------------------
          # |     |
          # |     +-- 値wv02kb[wib]を各セルに対応した数だけ発生
          # +-- wdt2にセルの表頭データを保存
        } else {                                         # ループの2回目以降

          wdt1<-c(wdt1,rep(wv01kb[wia],wmat2[wia,wib]))  # セルの表側データ作成(追加)
          # ----   - ----  ------------------------------
          # |     |  |    |
          # |     |  |    +-- 値wv01kb[wia]を各セルに対応した数だけ発生
          # |     |  +-- 前回までのループで作られたデータ
          # |     +-- 前回までのループで作られたデータと今回作られたデータの結合
          # +-- 結合結果
          wdt2<-c(wdt2,rep(wv02kb[wib],wmat2[wia,wib]))  # セルの表頭データ作成(追加)
          # ---   - ----  ------------------------------
          # |     |  |    |
          # |     |  |    +-- 値wv02kb[wib]を各セルに対応した数だけ発生
          # |     |  +-- 前回までのループで作られたデータ
          # |     +-- 前回までのループで作られたデータと今回作られたデータの結合
          # +-- 結合結果
        } # end if wdtmk
```

```
      } # end if (wmat2[wia,wib] != 0)
    } # end for wib
  } # end for wia
  wleng<-sum(wmat1)                                      # 作成するデータの行数計算
# ----  -----------
# |     |
# |     +-- すべてのセルの合計
# +-- すべてのセルの合計結果(発生するデータの行数)
  wt2112dt<-matrix(data=NA,nrow=wleng,ncol=2)            # n行・2列のマトリックスを作成
# -------  ----------------------------------
# |        |
# |        +-- 発生するデータの行数＊2列のNAのマトリックスを作成
# +-- 作成するデータ
  wt2112dt[,1]<-wdt1                                     # セルの表側データをセット
# -----------  -----
# |            |
# |            +-- 作られた表側データ
# +-- 作成するデータの表側
  wt2112dt[,2]<-wdt2                                     # セルの表頭データをセット
# -----------  ----
# |            |
# |            +-- 作られた表頭データ
# +-- 作成するデータの表頭
  dimnames(wt2112dt)<-list(NULL,c("va01","va02"))        # 変数名セット(列名)
# -----------------  --------------------------
# |                  |
# |                  +-- 行名に「NULL」列名に「va01,va02」を指示
# +-- 作成するデータの行名・列名をセット
#
```

2.10.3 クロス集計結果からのデータ作成の関数化

「2.10.2 クロス集計結果からのデータ作成2」の項の例題を関数化し、その使用方法を以下に示す。関数化の例題は、"mkcrsdt.ssc" として作成する。

```
#
# cross集計データよりデータ作成
#
# argument
#           data    : c(5,2,    : 集計済データを列順に設定
#                       3,6)
#           hyosoku : c(2,4)    : 表側の数値
#           hyotou  : c(1,3)    : 表頭の数値
#           nrow    : 2         : 行数
#           ncol    : 2         : 列数
#           colnm   : c("v01","v02") : 列名称
#
# return value : matrix
#
# example :   mkcrsdt(data=c(5,2,3,6),hyosoku=c(2,4),hyotou=c(1,3),
#                                nrow=2,ncol=2,
#                                colnm=c("v01","v02"))
#
"mkcrsdt"<-
function(data,hyosoku,hyotou,nrow,ncol,colnm)
{
  wmat1  <- data                                      # クロス集計結果の入力(行順)
  wv01kb <- hyosoku                                   # "va01"にセットする値
  wv02kb <- hyotou                                    # "va02"にセットする値
  wrow <- nrow                                        # クロス集計表の行数
  wcol <- ncol                                        # クロス集計表の列数
                                                      # クロス集計表をマトリックスにする
  wmat2<-matrix(data=wmat1,nrow=wrow,ncol=wcol,byrow=TRUE)
  wdtmk<-TRUE                                         # PGスイッチのセット
                                                      # データ作成処理
  for (wia in 1:wrow) {                               # wiaで1からwrowまでループ
    for (wib in 1:wcol) {                             # wibで1からwcolまでループ
      if (wmat2[wia,wib] != 0) {                      # 任意のセルが0以外
        if (wdtmk) {                                  # ループの初回のとき
          wdtmk<-FALSE                                # スイッチをFにセット
          wdt1<-rep(wv01kb[wia],wmat2[wia,wib])       # セルの表側データ作成
```

```
            wdt2<-rep(wv02kb[wib],wmat2[wia,wib])           # セルの表頭データ作成
        } else {                                             # ループの2回目以降のとき
            wdt1<-c(wdt1,rep(wv01kb[wia],wmat2[wia,wib]))    # セルの表側データ作成(追加)
            wdt2<-c(wdt2,rep(wv02kb[wib],wmat2[wia,wib]))    # セルの表頭データ作成(追加)
        } # end if wdtmk
      } # end if (wmat2[wia,wib] != 0)
    } # end for wib
  } # end for wia
  wleng<-sum(wmat1)                                          # 作成するデータの行数計算
  wt2112dt<-matrix(data=NA,nrow=wleng,ncol=2)                # n行・2列のマトリックスを作成
  wt2112dt[,1]<-wdt1                                         # セルの表側データをセット
  wt2112dt[,2]<-wdt2                                         # セルの表頭データをセット
  dimnames(wt2112dt)<-list(NULL,colnm)                       # 変数名セット(列名)
  ret <- wt2112dt
  ret
}
```

上記の関数を、以下のコマンドでオブジェクトにする。
　>source("mkcrsdt.ssc")
使用例は以下のとおりである。

```
wt2112dt <- mkcrsdt(data=c(5,2,3,6),hyosoku=c(2,4),hyotou=c(1,3),
                    nrow=2,ncol=2,
                    colnm=c("v01","v02"))
```

第11節　データのダンプ

ここでは、画面やプリンターへデータを出力する方法について説明する。

- 表示の幅と行数の指定方法

  画面の場合：

  　>options(width=80,length=20)

  プリンターの場合：

  　>options(width=140,length=56)

- 画面表示の指定方法

  　>sink()　　　　　　　　　　　　　　　　　　# 出力を画面に戻す

NOTE

通常、デフォルトは画面表示になっている。

- プリント形式でのファイル出力指示

  　>sink(file="出力ファイル名")　　　　　　　　# 新規出力

  　>sink(file="出力ファイル名",append=TRUE)　　# 追加出力

  　>sink()　　　　　　　　　　　　　　　　　　# 出力を画面に戻す

CASE

以下のようなデータ("t22dt1")がある。(このデータは、source("t22st.ssc")を使用して作成する。)

　>t22dt1

データ　"t22dt1"の内容

	datano	av01	av02	av03	av04	av05
1	1	10	1	11	21	5
2	3	13	3	15	25	7
....						
n	20	16	5	17	19	4

また、"av02"のコードデータが"fav02"と定義されている場合、その内容は以下のとおりである。("fav02"のデータは、source("fav02.ssc")を使用して作成する。)

　>fav02

	code	cdnm
1	1	1:Best
2	2	2:Better
3	3	3:Good
4	4	4:Bad
5	5	5:unknown

2.11.1 画面表示

画面に表示する場合には、以下のコマンドを入力する。
```
>t22dt1
```

```
    datano  av01  av02  av03  av04  av05
1        1    10     1    11    21     5
2        3    13     3    15    25     7
.............................................
n       20    16     5    17    19     4
```

2.11.2 ファイルへのダンプ1（単純出力）

ここでは、単純にファイルにダンプする方法について説明する。

Example ソースプログラム "t2122.ssc" を以下のように作成する。

```
#
  sink(file="list/t2122.lst")    # 出力を指定ファイルにする
  options(width=140,length=56)   # 1行を140桁、1ページを56行(プリンター)
  print(t22dt1)                  # 明示的なプリント指示
  options(width=80,length=20)    # 1行を80桁、1画面を20行(画面)
  sink()                         # 出力を画面に戻す
#
```

上記のソースを実行するには、Sのコマンドウィンドウで以下のように入力する。
```
>source("t2122.ssc")
```
上記の結果は以下のように出力する。エディターで "list/t2122.lst" を開いて確認する。

```
    datano  av01  av02  av03  av04  av05
1        1    10     1    11    21     5
2        3    13     3    15    25     7
.............................................
n       20    16     5    17    19     4
```

Explanation ソースプログラムの説明

```
#
# 処理概要: 単純にファイルにダンプする
#
  sink(file="list/t2122.lst")      # 出力先を指定ファイルにする
# ---- --------------------
# |    |
# |    +-- 出力ファイル名
# +-- 今後の出力先の切り替え
  options(width=140,length=56)     # 1行を140桁、1ページを56行(プリンター)
# ------- -------- ---------
# |       |        |
# |       |        +-- 56行/Page
# |       +-- 140桁/行
# +-- 指定されたオプション項目の変更や表示
  print(t22dt1)                    # 明示的なプリント指示
# ----- ------
# |     |
# |     +-- オブジェクト名
# +-- 指定オブジェクトの表示
  options(width=80,length=20)      # 1行を80桁、1画面を20行(画面)
# ------- -------- ---------
# |       |        |
# |       |        +-- 20行/画面
# |       +-- 80桁/行
# +-- 指定されたオプション項目の変更や表示
  sink()                           # 出力先を画面に戻す
# ------
# |
# +-- 今後の出力先を画面に切り替え
#
```

2.11.3　ファイルへのダンプ2（項目表示順の入れ替え）

ここでは、項目の表示順序を入れ替えてファイルにダンプする方法について説明する。項目の順序は、以下のとおりである。

```
datano av04 av05 av01 av02 av03
```

Example ソースプログラム　"t2123.ssc"を以下のように作成する。これは、「2.11.2 ファイルへのダンプ1（単純出力）」の項の変形で、大きな違いは1行である。

```
#
                              # 項目順序の入れ替え
  wt2123<-t22dt1[,c("datano","av04","av05","av01","av02","av03")]
  sink(file="list/t2123.lst")   # 出力先を指定ファイルにする
  options(width=140,length=56)  # 1行を140桁、1ページを56行(プリンター)
  print(wt2123)                 # 明示的なプリント指示
  options(width=80,length=20)   # 1行を80桁、1画面を20行(画面)
  sink()                        # 出力先を画面に戻す
#
```

上記のソースを実行するには、Sのコマンドウィンドウで以下のように入力する。

```
>source("t2123.ssc")
```

上記の結果は以下のように出力する。エディターで"list/t2123.lst"を開いて確認する。

```
    datano  av04  av05  av01  av02  av03
1        1    21     5    10     1    11
2        3    25     7    13     3    15
............................................
n       20    19     4    16     5    17
```

> **Explanation** ソースプログラムの説明

```
#
# 処理概要： 項目の表示順序を入れ替えてファイルにダンプする
#
                              # 項目順序の入れ替え
  wt2123<-t22dt1[,c("datano","av04","av05","av01","av02","av03")]
# ------   ------   --  -------------------------------------------
# |        |        |  |
# |        |        |  +-- 項目名の指定(指定順で出力される)
# |        |        +-- すべての行
# |        +-- データオブジェクト
# +-- 保存データ名
  sink(file="list/t2123.lst")       # 出力先を指定ファイルにする
# ----  --------------------
# |     |
# |     +-- 出力ファイル名
# +-- 今後の出力先の切り替え
  options(width=140,length=56)      # 1行を140桁、1ページを56行(プリンター)
# -------  ---------  -----------
# |        |          |
# |        |          +-- 56行/Page
# |        +-- 140桁/行
# +-- 指定されたオプション項目の変更や表示
  print(wt2123)                     # 明示的なプリント指示
# -----  --------
# |      |
# |      +-- オブジェクト名
# +-- 指定オブジェクトの表示
  options(width=80,length=20)       # 1行を80桁、1画面を20行(画面)
# -------  --------  ------------
# |        |         |
# |        |         +-- 20行/画面
# |        +-- 80桁/行
# +-- 指定されたオプション項目の変更や表示
  sink()                            # 出力先を画面に戻す
# ------
# |
# +-- 今後の出力先を画面に切り替え
```

2.11.4 ファイルへのダンプ3(必要項目の表示順の入れ替え)

ここでは、項目の表示順序を入れ替えてファイルに必要項目のみをダンプする方法について説明する。項目の順序と必要項目は、以下のとおりである。
```
datano av04 av01 av02
```

Example ソースプログラム "t2124.ssc"を以下のように作成する。これは、「2.11.2 ファイルへのダンプ1(単純出力)」と「2.11.3 ファイルへのダンプ2(項目表示順の入れ替え)」の項の変形で、大きな違いは1行である。

```
#
                                        # 項目順序の入れ替え・必要項目抽出
  wt2124<-t22dt1[,c("datano","av04","av01","av02")]
  sink(file="list/t2124.lst")           # 出力先を指定ファイルにする
  options(width=140,length=56)          # 1行を140桁、1ページを56行(プリンター)
  print(wt2124)                         # 明示的なプリント指示
  options(width=80,length=20)           # 1行を80桁、1画面を20行(画面)
  sink()                                # 出力先を画面に戻す
#
```

上記のソースを実行するには、Sのコマンドウィンドウで以下のように入力する。
```
>source("t2124.ssc")
```
上記の結果は以下のように出力する。エディターで"list/t2124.lst"を開いて確認する。

```
    datano  av04  av01  av02
1       1    21    10     1
2       3    25    13     3
 . . . . . . . . . . . . . . . . . . . . . . . . . . .
n      20    19    16     5
```

[Explanation] ソースプログラムの説明

```
#
# 処理概要： 項目の表示順序を入れ替えてファイルにダンプする
#
                                    # 項目順序の入れ替え・必要項目抽出
  wt2124<-t22dt1[,c("datano","av04","av01","av02")]
# ------  ------  --  ------------------------------
# |       |       |   |
# |       |       |   +-- 項目名の指定(指定順で出力される)
# |       |       +--  すべての行
# |       +--  データオブジェクト
# +--  保存データ名
  sink(file="list/t2124.lst")      # 出力先を指定ファイルにする
# ----  --------------------
# |     |
# |     +--  出力ファイル名
# +--  今後の出力先の切り替え
  options(width=140,length=56)     # 1行を140桁、1ページを56行(プリンター)
# -------  ---------  ----------
# |        |          |
# |        |          +--  56行/Page
# |        +--  140桁/行
# +--  指定されたオプション項目の変更や表示
  print(wt2124)                    # 明示的なプリント指示
# -----  --------
# |      |
# |      +--  オブジェクト名
# +--  指定オブジェクトの表示
  options(width=80,length=20)      # 1行を80桁、1画面を20行(画面)
# -------  ---------  ----------
# |        |          |
# |        |          +--  20行/画面
# |        +--  80桁/行
# +--  指定されたオプション項目の変更や表示
  sink()                           # 出力先を画面に戻す
# ------
# |
# +--  今後の出力先を画面に切り替え
```

2.11.5 ファイルへのダンプ4（必要項目の表示順の入れ替え、コードデータの文字表示）

ここでは、項目の表示順序を入れ替えてコードデータを文字表示にし、必要項目のみファイルにダンプする方法について説明する。項目の順序と必要項目は、以下のとおりである。

```
datano av04 av01 av02
```

Example ソースプログラム "t2125.ssc" を以下のように作成する。

```
#
    wt21251<-t22dt1[,c("datano","av04","av01")]                    # 項目選択・順序の入れ替え
    wfav02<-fav02[match(t22dt1[,"av02"],fav02[,"code"]),"cdnm"]    # 文字表示データ作成
    wt21252<-cbind(wt21251,wfav02)                                 # データの結合
    dimnames(wt21252)[[2]][dim(wt21252)[[2]]]<-"fav02"             # 列名セット
#
    sink(file="list/t2125.lst")       # 出力先を指定ファイルにする
    options(width=140,length=56)      # 1行を140桁、1ページを56行(プリンター)
    print(wt21252)                    # 明示的なプリント指示
    options(width=80,length=20)       # 1行を80桁、1画面を20行(画面)
    sink()                            # 出力先を画面に戻す
#
```

上記のソースを実行するには、Sのコマンドウィンドウで以下のように入力する。
```
>source("t2125.ssc")
```

上記の結果は以下のように出力する。エディターで "list/t2125.lst" を開いて確認する。

```
    datano  av04  av01  fav02
1        1    21    10  1:Best
2        3    25    13  3:Good
............................
n       20    19    16  5:unknown
```

[Explanation] ソースプログラムの説明

```
  #
  # 処理概要： 項目の表示順序を入れ替え、コードデータを文字表示にし、
  #           必要項目のみファイルにダンプする
  #
    wt21251<-t22dt1[,c("datano","av04","av01")]                    # 項目選択・順序の入れ替え
  # -------  ------  -- -----------------------
  #   |         |      |  |
  #   |         |      |  +-- 先頭の項目抽出
  #   |         |      +-- すべての行
  #   |         +-- ダンプデータ
  #   +-- 項目選択保存データ
    wfav02<-fav02[match(t22dt1[,"av02"],fav02[,"code"]),"cdnm"]    # 文字表示データ作成
  # ------  -----  ------------------------------------   ------
  #   |       |      |                                       |
  #   |       |      |                                       +-- 表示名称
  #   |       |      +-- "av02"とコードのマッチング
  #   |       +-- コードオブジェクト名
  #   +-- 表示名称保存データ
    wt21252<-cbind(wt21251,wfav02)    # データの結合
  # -------  ---------------------
  #   |            |
  #   |            +-- 項目選択保存データと表示名称保存データの結合
  #   +-- 結合結果データ
    dimnames(wt21252)[[2]][dim(wt21252)[[2]]]<-"fav02"             # 列名セット
  #
    sink(file="list/t2125.lst")       # 出力先を指定ファイルにする
  # ----  --------------------
  #   |          |
  #   |          +-- 出力ファイル名
  #   +-- 今後の出力先の切り替え
    options(width=140,length=56)      # 1行を140桁、1ページを56行(プリンター)
  # -------  ---------  ----------
  #   |          |          |
  #   |          |          +-- 56行/Page
  #   |          +-- 140桁/行
  #   +-- 指定されたオプション項目の変更や表示
```

```
    print(wt21252)              # 明示的なプリント指示
# ----- --------
# |      |
# |      +-- オブジェクト名
# +-- 指定オブジェクトの表示
    options(width=80,length=20) # 1行を80桁、1画面を20行(画面)
# ------- -------- ----------
# |       |        |
# |       |        +-- 20行/画面
# |       +-- 80桁/行
# +-- 指定されたオプション項目の変更や表示
    sink()                      # 出力先を画面に戻す
# ------
# |
# +-- 今後の出力先を画面に切り替え
#
```

第12節　テキストファイルへのデータ出力

ここでは、データをテキストファイルに出力する方法について説明する。

出力形式は、以下の4通りである。
　可変長CSV：
　　セパレータがスペース
　　セパレータがカンマ
　固定長CSV：
　　セパレータがスペース
　　セパレータがカンマ

CASE

以下のようなデータ("t22dt1")がある。（このデータは、source("t22st.ssc")を使用して作成する。）

データ　"t22dt"の内容

```
  datano av01 av02 av03 av04 av05
1      1   10    1   11   21    5
2      3   13    3   15   25    7
................................
n     20   16    5   17   19    4
```

上記の出力結果には、以下のような問題点がある。ここでは、問題点およびその対処方法について述べる。

　問題点1：未入力項目が、「NA」として出力される。
　対処法　：可変長CSVの場合は、SEDやAWKで「NA」を消す。
　　　　　　固定長CSVの場合は、SEDやAWKで「NA」をスペース2桁と置き換える。

　問題点2：可変長CSVでセパレータがカンマのとき、最終桁にカンマが入る。
　対処法　：SEDやAWKで最終桁のカンマを消す。

2.12.1 可変長CSV(セパレータがスペース)によるデータ出力

Example ソースプログラム "t2131.ssc"を以下のように作成する。

```
#
                                    # 可変長CSV(スペース)で出力
  write(t(t22dt1),file="textdt/t2131.txt",ncolumns=dim(t22dt1)[2])
#
```

上記のソースを実行するには、Sのコマンドウィンドウで以下のように入力する。
>source("t2131.ssc")

上記の結果は以下のように出力する。エディターで"textdt/t2131.txt"を開いて確認する。

```
1   10   1   11   21   5
3   13   3   15   25   7
 ..................
20  16   5   17   19   4
```

Explanation ソースプログラムの説明

```
#
# 処理概要 : データを可変長CSV(セパレータがスペース)で出力
#
#                                      # 可変長CSV(スペース)で出力
  write(t(t22dt1),file="textdt/t2131.txt",ncolumns=dim(t22dt1)[2])
# -----  --------   ----------------------   ------------------------
#  |       |              |                         |
#  |       |              |                         +-- 項目数の指定
#  |       |              +-- 出力ファイル名
#  |       +-- 行列を転置する(writeが列順に出力するため)
#  +-- データを可変長CSV(セパレータがスペース)で出力
```

2.12.2　可変長CSV（セパレータがカンマ）によるデータ出力

Example ソースプログラム　"t2132.ssc" を以下のように作成する。

```
#
                                                        # 可変長CSV(カンマ)で出力
  for (wix in 1:dim(t22dt1)[1])                         # 行別ループ
  {
    if (wix == 1) {                                     # 1行目の処理
      cat(t22dt1[wix,],"¥n",file="textdt/t2132.txt",sep=",")  # 1行目の出力
    } else {                                            # 2行目以降の処理
                                                        # 2行目以降の出力
      cat(t22dt1[wix,],"¥n",file="textdt/t2132.txt",sep=",",append=TRUE)
    } # end if else
  } # end for wix
#
```

上記のソースを実行するには、Sのコマンドウィンドウで以下のように入力する。
>source("t2132.ssc")

上記の結果は以下のように出力する。エディターで **"textdt/t2132.txt"** を開いて確認する。

```
1,10,1,11,21,5,
3,13,3,15,25,7,
..............,
20,16,5,17,19,4,
```

Explanation ソースプログラムの説明

```
#
# 処理概要： データを可変長CSV(セパレータがカンマ)で出力
#
                                          # 可変長CSV(カンマ)で出力
  for (wix in 1:dim(t22dt1)[1]) {         # 行別ループ
# --- ---  -----------------
# |   |    |
# |   |    +-- 1からt22dt1の行数まで
# |   +-- ループインデックス
# +-- ループ開始
    if (wix == 1) {                       # 1行目の処理
                                          # 1行目の出力
      cat(t22dt1[wix,],"¥n",file="textdt/t2132.txt",sep=",")
    # --- ------------ ---- --------------------- -------
    # |   |            |    |                     |
    # |   |            |    |                     +-- セパレータを","
    # |   |            |    +-- 出力ファイル名
    # |   |            +-- 行ごとにCR/LFを出力
    # |   +-- データの行を指定
    # +-- 出力指示
    } else {                              # 2行目以降の処理
                                          # 2行目以降の出力
      cat(t22dt1[wix,],"¥n",file="textdt/t2132.txt",sep=",",append=TRUE)
    # --- ------------ ---- --------------------- ------  -----------
    # |   |            |    |                     |       |
    # |   |            |    |                     |       +-- 追加書き
    # |   |            |    |                     +-- セパレータを","
    # |   |            |    +-- 出力ファイル名
    # |   |            +-- 行ごとにCR/LFを出力
    # |   +-- データの行を指定
    # +-- 出力指示
    } # end if else
  } # end for wix
#
```

2.12.3 固定長CSV（セパレータがスペース）によるデータ出力

Example ソースプログラム "t2133.ssc" を以下のように作成する。

```
#
                                              # 固定長CSV(スペース)で出力
                                              # 各項目の桁数合わせ
  wfdatano<-format(t22dt1[,"datano"])
  wfav01  <-format(t22dt1[,"av01"])
  wfav02  <-format(t22dt1[,"av02"])
  wfav03  <-format(t22dt1[,"av03"])
  wfav04  <-format(t22dt1[,"av04"])
  wfav05  <-format(t22dt1[,"av05"])
#
  for (wix in 1:dim(t22dt1)[1]) {             # 行別ループ開始
    if (wix == 1) {                           # 1行目の処理
      cat(wfdatano[wix]," ",wfav01[wix]," ",wfav02[wix]," ",wfav03[wix]," ",
          wfav04[wix]," ",wfav05[wix],
          "¥n",file="textdt/t2133.txt",sep="")
    } else {                                  # 2行目以降の処理
      cat(wfdatano[wix]," ",wfav01[wix]," ",wfav02[wix]," ",wfav03[wix]," ",
          wfav04[wix]," ",wfav05[wix],
          "¥n",file="textdt/t2133.txt",sep="",append=TRUE)
    } # end if else
  } # end for wix
#
```

上記のソースを実行するには、Sのコマンドウィンドウで以下のように入力する。
>source("t2133.ssc")

上記の結果は以下のように出力する。エディターで"textdt/t2133.txt"を開いて確認する。

```
 1  10   1  11  21  5
 3  13   3  15  25  7
....................
20  16   5  17  19  4
```

Explanation ソースプログラムの説明

```
#
# 処理概要： 固定長CSV(セパレータがスペース)で出力
                                          # 固定長CSV(スペース)で出力
  wfdatano<-format(t22dt1[,"datano"])     # 各項目の桁数合わせ
# -------   ------------------------
# |         |
# |         +-- 指定データの出力桁数を最大に合わせる
# +-- 桁の合ったデータ保存
  wfav01   <-format(t22dt1[,"av01"])
  wfav02   <-format(t22dt1[,"av02"])
  wfav03   <-format(t22dt1[,"av03"])
  wfav04   <-format(t22dt1[,"av04"])
  wfav05   <-format(t22dt1[,"av05"])
#
  for (wix in 1:dim(t22dt1)[1]) {         # 行別ループ開始
# ---    ---    ----------------
# |      |      |
# |      |      +-- 1からt22dt1の行数まで
# |      +-- ループインデックス
# +-- ループ開始
    if (wix == 1) {                       # 1行目の処理
       cat(wfdatano[wix]," ",wfav01[wix]," ",wfav02[wix]," ",wfav03[wix]," ",
           wfav04[wix]," ",wfav05[wix],
                                "¥n",file="textdt/t2133.txt",sep="")
    # ---  -----------  ----        ---   ---------------------   ------
    # |    |            |           |     |                       |
    # |    |            |           |     |                       +-- セパレータなし
    # |    |            |           |     +-- 出力ファイル名
    # |    |            |           +-- 行ごとにCR/LFを出力
    # |    |            +-- セパレータを個別指定
    # |    +-- 桁合わせされたデータ指示
    # +-- 出力指示
    } else {                              # 2行目以降の処理
```

```
        cat(wfdatano[wix]," ",wfav01[wix]," ",wfav02[wix]," ",wfav03[wix]," ",
            wfav04[wix]," ",wfav05[wix],
                              "\n",file="textdt/t2133.txt",sep="",append=TRUE)
  # --- -------------- --          -- ------------------- ----- ----------
  # |   |              |           |   |                    |     |
  # |   |              |           |   |                    |     +-- 追加書き
  # |   |              |           |   |                    +-- セパレータなし
  # |   |              |           |   +-- 出力ファイル名
  # |   |              |           +-- 行ごとにCR/LFを出力
  # |   |              +-- セパレータを個別指定
  # |   +-- 桁合わせされたデータ指示
  # +-- 出力指示
  } # end if else
 } # end for wix
#
```

2.12.4 固定長CSV(セパレータがカンマ)によるデータ出力

Example ソースプログラム "t2134.ssc" を以下のように作成する。

```
#
                                        # 固定長CSV(カンマ)で出力
                                        # 各項目の桁数合わせ
  wfdatano<-format(t22dt1[,"datano"])
  wfav01  <-format(t22dt1[,"av01"])
  wfav02  <-format(t22dt1[,"av02"])
  wfav03  <-format(t22dt1[,"av03"])
  wfav04  <-format(t22dt1[,"av04"])
  wfav05  <-format(t22dt1[,"av05"])
#
  for (wix in 1:dim(t22dt1)[1]) {        # 行別ループ開始
    if (wix == 1) {                      # 1行目の処理
      cat(wfdatano[wix],",",wfav01[wix],",",wfav02[wix],",",wfav03[wix],",",
          wfav04[wix],",",wfav05[wix],
          "¥n",file="textdt/t2134.txt",sep="")
    } else {                             # 2行目以降の処理
      cat(wfdatano[wix],",",wfav01[wix],",",wfav02[wix],",",wfav03[wix],",",
          wfav04[wix],",",wfav05[wix],
          "¥n",file="textdt/t2134.txt",sep="",append=TRUE)
    } # end if else
  } # end for wix
#
```

上記のソースを実行するには、Sのコマンドウィンドウで以下のように入力する。
>source("t2134.ssc")

上記の結果は以下のように出力する。エディターで "textdt/t2134.txt" を開いて確認する。

```
1,10,1,11,21,5
3,13,3,15,25,7
..............
20,16,5,17,19,4
```

Explanation ソースプログラムの説明

```
# 処理概要：  固定長CSV(セパレータがカンマ)で出力
                                        #  固定長CSV(スペース)で出力
  wfdatano<-format(t22dt1[,"datano"])   #  各項目の桁数合わせ
# --------  ----------------------
# |         |
# |         +-- 指定データの出力桁数を最大に合わせる
# +-- 桁の合ったデータ保存
  wfav01  <-format(t22dt1[,"av01"])
  wfav02  <-format(t22dt1[,"av02"])
  wfav03  <-format(t22dt1[,"av03"])
  wfav04  <-format(t22dt1[,"av04"])
  wfav05  <-format(t22dt1[,"av05"])
#
  for (wix in 1:dim(22dt1)[1]) {        #  行別ループ開始
# ---  ---   ------------------
# |    |     |
# |    |     +-- 1からt22dt1の行数まで
# |    +-- ループインデックス
# +-- ループ開始
  if (wix == 1) {                       #  1行目の処理
     cat(wfdatano[wix],",",wfav01[wix],",",wfav02[wix],",",wfav03[wix],",",
         wfav04[wix],",",wfav05[wix],
                            "\n",file="textdt/t2134.txt",sep="")
  # --- ----------------------------------------------------------------
  # |   |              ---          ----  ----------------------  -----
  # |   |              |            |     |                       |
  # |   |              |            |     |                       +-- 標準セパレータなし
  # |   |              |            |     +-- 出力ファイル名
  # |   |              |            +-- 行ごとにCR/LFを出力
  # |   |              +-- セパレータを個別指定
  # |   +-- 桁合わせされたデータ指示
  # +-- 出力指示
  } else {                              #  2行目以降の処理
```

```
        cat(wfdatano[wix],",",wfav01[wix],",",wfav02[wix],",",wfav03[wix],",",
            wfav04[wix],",",wfav05[wix],
                        "¥n",file="textdt/t2134.txt",sep="",append=TRUE)
    # --- --------------------------------------------------------------
    # |   |          --- --- -----------------  -----  ----------
    # |   |          |   |   |                  |      |
    # |   |          |   |   |                  |      +-- 追加書き
    # |   |          |   |   |                  +-- 標準セパレータなし
    # |   |          |   |   +-- 出力ファイル名
    # |   |          |   +-- 行ごとにCR/LFを出力
    # |   |          +-- セパレータを個別指定
    # |   +-- 桁合わせされたデータ指示
    # +-- 出力指示
    } # end if else
  } # end for wix
#
```

第3章

統計計算関連

第3章 統計計算関連

ここでは、データ解析の基本的な検討方法について解説する。

第1節 要約統計量

ここでは、計測値データの解析で基本となる、要約統計量の計算について説明する。

(1) 最小値・第一四分位・中央値・平均値・第三四分位・最大値・未入力データ数の計算

Example ソースプログラム "std311.ssc"を以下のように作成する。

```
wosum311<-summary(car.miles)    # Min. 1st Qu. Median Mean. rd Qu. Max. NA's の計算
print(wosum311)                 # 計算結果の表示
```

上記のソースを実行するには、Sのコマンドウィンドウで以下のように入力する。
>source("std311.ssc")

```
Min.    1st Qu.   Median.   Mean    3rd Qu.   Max.
88.70   193.00    206.00    204.90  215.95    379.80
```

(2) 分散・標本標準偏差・変動率・標準誤差の計算

Example ソースプログラム "std312.ssc"を以下のように作成する。(std311.sscの結果を使用する。)

```
wdata  <- car.miles                              # データのコピー
wdata1 <-car.miles[!is.na(car.miles)]            # NAを除く
worn   <-length(wdata)                           # 全データ数
won    <-length(wdata1)                          # NAを除いたデータ数
wovar  <-var(wdata1)                             # 分散
wosd   <-sqrt(wovar)                             # 標本標準偏差
wocv   <-(wosd/wosum311[,"Mean"])*100            # 変動率
wose   <-wosd/sqrt(won)                          # 標準誤差
wostd  <-c(wovar,wosd,wocv,wose,worn,won)        # 結果の合成
names(wostd)<-c("Var.","S.D.","C.V.","S.E.","Rec.N","N")  # 名称設定
print(wostd)                                     # 結果の表示
```

上記のソースを実行するには、Sのコマンドウィンドウで以下のように入力する。
>source("std312.ssc")

```
Var.       S.D.       C.V.      S.E.       Rec.N    N
1269.998   35.63703   17.3924   3.280654   118      118
```

(3) (1)と(2)を同時に計算するための関数化と関数の使用方法

(1)と(2)の結果は両方とも欲しいので、これを1回の実行で求めるため関数にする。

Example 関数化の例　この関数は、"stdcomp.ssc"を使用して作成する。（計算するデータは「ベクトル」とする。）

```
"stdcomp"<-
function(data)
{
  wdata<-data                                 # データのコピー
  wdata1<-  wdata[!is.na(wdata)]              # NAを除く
  worn <-length(wdata)                        # 全データ数
  won  <-length(wdata1)                       # NAを除いたデータ数
  wona <- worn - won                          # NAの数
  if(won!=0){                                 # 計算可能時の計算
    wosum <- summary(wdata)                   # Min.--NA'sの計算
    if (is.na(match("NA's",names(wosum)))) {  # NAが0件の処理
      wosum<-c(wosum,0)                       # NA=0の設定
                                              # "NA's"の項目名追加
      names(wosum)<-c("Min.","1st Qu.","Median.","Mean","3rd Qu.","Max.","NA's")
    }
    wovar <-var(wdata1)                       # 分散
    wosd  <-sqrt(wovar)                       # 標本標準偏差
    wocv  <-(wosd/wosum311["Mean"])*100       # 変動率
    wose  <-wosd/sqrt(won)                    # 標準誤差
  } else {                                    # 計算不能時の結果作成
    wosum<-c(rep(NA,6),wona)
    names(wosum)<-c("Min.","1st Qu.","Median.","Mean","3rd Qu.","Max.","NA's")
    wovar<-NA
    wosd <-NA
    wocv <-NA
    wose <-NA
  }
  wret<-c(wosum,wovar,wosd,wocv,wose,worn,won) # 結果の合成
  wosuml<-length(wosum)                        # wosumの長さ
  names(wret)[(wosuml+1):(wosuml+6)]<-         # 追加計算の名称設定
                 c("Var.","S.D.","C.V.","S.E.","Rec.N","N")
  wret                                         # リターン値の設定
}
```

上記の関数を登録するには、Sのコマンドウィンドウで以下のように入力する。
```
>source("stdcomp.ssc")
```
以下は、関数の使用例および計算結果の表示である。
```
>wostdcom<-stdcomp(car.miles)
>print(wostdcom)
```

Min.	1st Qu.	Median.	Mean	3rd Qu.	Max.	NA's	Var.	S.D.	C.V.
88.7	193	206	204.9	215.95	379.8	0	1269.998	35.63703	17.3924
S.E.	Rec.N	N							
3.280654	118	118							

第2節　ノンパラメトリック(ノンパラ)

ここでは、ノンパラメトリック・データの解析で基本となる手法について説明する。以降、ノンパラメトリックはノンパラと記載する。

3.2.1　クロス集計

ここでは、ノンパラの集計・解析の基本となるクロス集計について説明する。データに、"liver.cells"と"liver.exper"を使って、各種クロス集計を行う。コマンドには、"table"と"crosstabs"を用いる。

(1)％のないクロス集計表(table)

Example ソースプログラム　"cros3211.ssc"を以下のように作成する。

```
cat("liver.experの集計¥n")                    # 集計項目の表示
wocros32111<-table(liver.exper)               # liver.experの集計
print(wocros32111)                            # liver.experの集計表の出力
cat("¥n")                                     # 表示の改行
cat("liver.cellsの集計¥n")                    # 集計項目の表示
wocros32112<-table(liver.cells)               # liver.cellsの集計
print(wocros32112)                            # liver.cellsの集計表の出力
cat("¥n")                                     # 表示の改行
cat("liver exper,cellsの集計¥n")              # 集計項目の表示
                                              # 表側(liver.exper)・表頭(liver.cells)の集計
wocros32113<-table(liver.exper,liver.cells)
print(wocros32113)                            # (liver.exper)・(liver.cells)の集計表の出力
cat("¥n")                                     # 表示の改行
```

上記のソースを実行するには、Sのコマンドウィンドウで以下のように入力する。
>source("cros3211.ssc")

集計結果は、以下のとおりである。

`liver.exper`の集計結果

A	B	C
26	16	10

`liver.cells`の集計結果

0	1	3	5	7	10	15
8	12	6	12	4	8	2

liver exper, liver cellsの集計結果

	0	1	3	5	7	10	15
A	4	4	2	6	4	4	2
B	2	4	4	4	0	2	0
C	2	4	0	2	0	2	0

[Explanation] ソースプログラムの説明

```
#
  cat("liver.experの集計¥n")                              # 集計項目の表示
  wocros32111<-table(liver.exper)                         # liver.experの集計
# ----------    -----  ------------
# |             |      |
# |             |      +-- 集計項目の指定
# |             +-- 集計コマンド
# +-- 集計結果の保存名称
  print(wocros32111)                                      # liver.experの集計表の出力
# ----  ------------
# |     |
# |     +-- 表示する集計結果オブジェクト
# +-- オブジェクトの出力表示指示
  cat("¥n")                                               # 表示の改行
  cat("liver.cellsの集計¥n")                              # 集計項目の表示
  wocros32112<-table(liver.cells)                         # liver.cellsの集計
# ------------    -----  -----------
# |               |      |
# |               |      +-- 集計項目の指定
# |               +-- 集計コマンド
# +-- 集計結果の保存名称
  print(wocros32112)                                      # liver.cellsの集計表の出力
# ----  ------------
# |     |
# |     +-- 表示する集計結果オブジェクト
# +-- オブジェクトの出力表示指示
  cat("¥n")                                               # 表示の改行
  cat("liver exper,cellsの集計¥n")                        # 集計項目の表示
```

```
                                              # 表側(liver.exper)・表頭(liver.cells)の集計
  wocros32113<-table(liver.exper,liver.cells)
# -----------   -----  -----------  -----------
# |             |      |            |
# |             |      |            +-- 集計項目の指定(表頭)
# |             |      +-- 集計項目の指定(表側)
# |             +-- 集計コマンド
# +-- 集計結果の保存名称
  print(wocros32113)                          # (liver.exper)・(liver.cells)の集計表の出力
# ----  ------------
# |     |
# |     +-- 表示する集計結果オブジェクト
# +-- オブジェクトの出力表示指示
  cat("¥n")                                   # 表示の改行
```

(2) %のあるクロス集計表(crosstabs)

Example ソースプログラム "cros3212.ssc" を以下のように作成する。

```
cat("liver.experの集計¥n")                           # 集計項目の表示
wocros32121<-crosstabs(~liver.exper)                  # liver.experの集計
print(wocros32121)                                    # liver.experの集計表の出力
cat("¥n")                                             # 表示の改行
cat("liver.cellsの集計¥n")                           # 集計項目の表示
wocros32122<-crosstabs(~liver.cells)                  # liver.cellsの集計
print(wocros32122)                                    # liver.cellsの集計表の出力
cat("¥n")                                             # 表示の改行
cat("liver exper,cellsの集計¥n")                     # 集計項目の表示
                                                      # 表側(liver.exper)・表頭(liver.cells)の集計
wocros32123<-crosstabs(~liver.exper+liver.cells)
print(wocros32123,chi2.test=F)                        # (liver.exper)・(liver.cells)の集計表の出力
cat("¥n")                                             # 表示の改行
```

上記のソースを実行するには、Sのコマンドウィンドウで以下のように入力する。
>source("cros3212.ssc")

集計結果は以下のとおりである。

liver.experの集計結果

```
Call:
crosstabs(~liver.exper)
52 cases in table
 +----------+
 |N         |
 |N/Total   |
 +----------+
 liver.exper|
 ----------+--------+
    A      |  26    |
           |  0.50  |
 ----------+--------+
    B      |  16    |
           |  0.31  |
 ----------+--------+
    C      |  10    |
           |  0.19  |
 ----------+--------+
```

liver.cellsの集計結果

```
Call:
crosstabs(~liver.cells)
52 cases in table
 +----------+
 |N         |
 |N/Total   |
 +----------+
liver.cells|
-------+-------+
0      | 8     |
       |0.15   |
-------+-------+
1      |12     |
       |0.23   |
-------+-------+
3      | 6     |
       |0.12   |
-------+-------+
5      |12     |
       |0.23   |
-------+-------+
7      | 4     |
       |0.077  |
-------+-------+
10     | 8     |
       |0.15   |
-------+-------+
15     | 2     |
       |0.038  |
-------+-------+
```

liver exper, liver cellsの集計結果

```
Call:
crosstabs( ~ liver.exper + liver.cells)
52 cases in table
+--------------+
|N             |
|N/RowTotal    |
|N/ColTotal    |
|N/Total       |
+--------------+
liver.exper|liver.cells
           |0      |1      |3      |5      |7      |10     |15     |RowTotl|
    -------+-------+-------+-------+-------+-------+-------+-------+-------+
    A      |4      |4      |2      |6      |4      |4      |2      |26     |
           |0.15   |0.15   |0.077  |0.23   |0.15   |0.15   |0.077  |0.5    |
           |0.5    |0.33   |0.33   |0.5    |1      |0.5    |1      |       |
           |0.077  |0.077  |0.038  |0.12   |0.077  |0.077  |0.038  |       |
    -------+-------+-------+-------+-------+-------+-------+-------+-------+
    B      |2      |4      |4      |4      |0      |2      |0      |16     |
           |0.12   |0.25   |0.25   |0.25   |0      |0.12   |0      |0.31   |
           |0.25   |0.33   |0.67   |0.33   |0      |0.25   |0      |       |
           |0.038  |0.077  |0.077  |0.077  |0      |0.038  |0      |       |
    -------+-------+-------+-------+-------+-------+-------+-------+-------+
    C      |2      |4      |0      |2      |0      |2      |0      |10     |
           |0.2    |0.4    |0      |0.2    |0      |0.2    |0      |0.19   |
           |0.25   |0.33   |0      |0.17   |0      |0.25   |0      |       |
           |0.038  |0.077  |0      |0.038  |0      |0.038  |0      |       |
    -------+-------+-------+-------+-------+-------+-------+-------+-------+
    ColTotl|8      |12     |6      |12     |4      |8      |2      |52     |
           |0.15   |0.23   |0.12   |0.23   |0.077  |0.15   |0.038  |       |
    -------+-------+-------+-------+-------+-------+-------+-------+-------+
```

[Explanation] ソースプログラムの説明

```
#
  cat("liver.experの集計\n")                          # 集計項目の表示
  wocros32121<-crosstabs(~liver.exper)                # liver.experの集計
# ------------  ---------   ------------
# |            |           |
# |            |           +--  集計項目と式の指定
# |            +--  集計コマンド
# +--  集計結果の保存名称
  print(wocros32121)                                  # liver.experの集計表の出力
# -----  ------------
# |      |
# |      +--  表示する集計結果オブジェクト
# +--  オブジェクトの出力表示指示
  cat("\n")                                           # 表示の改行
  cat("liver.cellsの集計\n")                          # 集計項目の表示
  wocros32122<-crosstabs(~liver.cells)                # liver.cellsの集計
# -----------  ---------   ------------
# |            |           |
# |            |           +--  集計項目と式の指定
# |            +--  集計コマンド
# +--  集計結果の保存名称
  print(wocros32122)                                  # liver.cellsの集計表の出力
# -----  ------------
# |      |
# |      +--  表示する集計結果オブジェクト
# +--  オブジェクトの出力表示指示
  cat("\n")                                           # 表示の改行
  cat("liver exper,cellsの集計\n")                    # 集計項目の表示
    # 表側(liver.exper)・表頭(liver.cells)の集計
  wocros32123<-crosstabs(~liver.exper+liver.cells)
# ------------  ---------   -----------  ------------
# |             |           |            |
# |             |           |            +--  式と集計項目の指定(表頭)
# |             |           +--  式と集計項目の指定(表側)
# |             +--  集計コマンド
# +--  集計結果の保存名称
```

```
    print(wocros32123,chi2.test=F)            # (liver.exper)・(liver.cells)の集計表の出力
#  ----   -----------  ------------
#  |       |             |
#  |       |             +-- カイ2乗結果を表示しない
#  |       +-- 表示する集計結果オブジェクト
#  +-- オブジェクトの出力表示指示
    cat("¥n")                                 # 表示の改行
```

(3) crosstabs の使用上の注意点

・データが data.frame の場合：
解析対象の data.frame は、attach(data.frameオブジェクト名) で検索パスに登録すること。解析終了後は、detach("data.frameオブジェクト名") で検索パスから削除すること。

・データがベクトル（1列のデータ）の場合：
解析対象のベクトルを単純に指定すること。以下の例題は解析対象が"data.frame"と"ベクトル"の両方を含んでいる。解析対象データ（data.frame:wcrosdt、ベクトル:va01,va02）は、"cros3213st.ssc" を使用して作成する。

Example ソースプログラム "cros3213.ssc" を以下のように作成する。

```
#
# data.frameの場合
#
    attach(wcrosdt)                           # 列名も検索パスに登録する
    wocros1<-crosstabs(~va01+va02)            # クロス集計
    detach("wcrosdt")                         # 列名を検索パスから削除する
    print(wocros1,chi2.test=F)                # 集計結果の表示指示
#
# ベクトルの場合
#
    wocros2<-crosstabs(~va01+va02)            # クロス集計
    print(wocros2,chi2.test=F)                # 集計結果の表示指示
```

上記のソースを実行するには、S のコマンドウィンドウで以下のように入力する。
>source("cros3212.ssc")

実行結果は以下のとおりである。

```
Call:
crosstabs(formula =  ~ va01 + va02)
10 cases in table
+----------+
```

```
|N        |
|N/RowTotal|
|N/ColTotal|
|N/Total  |
+----------+
va01    |va02
        |1      |2      |3      |4      |5      |RowTotl|
--------+-------+-------+-------+-------+-------+-------+
  CN    |0      |0      |3      |0      |0      |3      |
        |0      |0      |1      |0      |0      |0.3    |
        |0      |0      |1      |0      |0      |       |
        |0      |0      |0.3    |0      |0      |       |
--------+-------+-------+-------+-------+-------+-------+
  EU    |0      |0      |0      |2      |0      |2      |
        |0      |0      |0      |1      |0      |0.2    |
        |0      |0      |0      |1      |0      |       |
        |0      |0      |0      |0.2    |0      |       |
--------+-------+-------+-------+-------+-------+-------+
  JP    |2      |0      |0      |0      |0      |2      |
        |1      |0      |0      |0      |0      |0.2    |
        |1      |0      |0      |0      |0      |       |
        |0.2    |0      |0      |0      |0      |       |
--------+-------+-------+-------+-------+-------+-------+
  UK    |0      |0      |0      |0      |2      |2      |
        |0      |0      |0      |0      |1      |0.2    |
        |0      |0      |0      |0      |1      |       |
        |0      |0      |0      |0      |0.2    |       |
--------+-------+-------+-------+-------+-------+-------+
  US    |0      |1      |0      |0      |0      |1      |
        |0      |1      |0      |0      |0      |0.1    |
        |0      |1      |0      |0      |0      |       |
        |0      |0.1    |0      |0      |0      |       |
--------+-------+-------+-------+-------+-------+-------+
ColTotl |2      |1      |3      |2      |2      |10     |
        |0.2    |0.1    |0.3    |0.2    |0.2    |       |
--------+-------+-------+-------+-------+-------+-------+

Call:
```

```
crosstabs(formula =  ~ va01 + va02)
10 cases in table
+----------+
|N         |
|N/RowTotal|
|N/ColTotal|
|N/Total   |
+----------+
```

| va01 | va02 | | | | | |
	1	2	3	4	5	RowTotl
CN	0	0	3	0	0	3
	0	0	1	0	0	0.3
	0	0	1	0	0	
	0	0	0.3	0	0	
EU	0	0	0	2	0	2
	0	0	0	1	0	0.2
	0	0	0	1	0	
	0	0	0	0.2	0	
JP	2	0	0	0	0	2
	1	0	0	0	0	0.2
	1	0	0	0	0	
	0.2	0	0	0	0	
UK	0	0	0	0	2	2
	0	0	0	0	1	0.2
	0	0	0	0	1	
	0	0	0	0	0.2	
US	0	1	0	0	0	1
	0	1	0	0	0	0.1
	0	1	0	0	0	
	0	0.1	0	0	0	
ColTotl	2	1	3	2	2	10
	0.2	0.1	0.3	0.2	0.2	

Explanation ソースプログラムの説明

```
#
# データがdata.frameの場合
#
    attach(wcrosdt)                          # 列名も検索パスに登録する
# ----- ---------
# |     |
# |     +-- 検索パスに登録するオブジェクト名
# +-- 指定オブジェクトの列名を検索パスに登録する
    wocros1<-crosstabs(~va01+va02)           # クロス集計
# -------  ---------  ----- ----
# |        |          |     |
# |        |          |     +-- 式と集計項目の指定(表頭)
# |        |          +-- 式と集計項目の指定(表側)
# |        +-- 集計コマンド
# +-- 集計結果の保存名称
    detach("wcrosdt")                        # 列名を検索パスから削除する
# ------   -------
# |        |
# |        +-- 列名検索パスを削除するオブジェクト名
# +-- 指定オブジェクトの列名を検索パスから削除する
    print(wocros1,chi2.test=F)               # 集計結果の表示指示
# ----  ------  ----------
# |     |       |
# |     |       +-- カイ2乗結果を表示しない
# |     +-- 表示する集計結果オブジェクト
# +-- オブジェクトの出力表示指示
#
# データがベクトルの場合
#
    wocros2<-crosstabs(~va01+va02)           # クロス集計
# -------  ---------  ----- ----
# |        |          |     |
# |        |          |     +-- 式と集計項目の指定(表頭)
# |        |          +-- 式と集計項目の指定(表側)
# |        +-- 集計コマンド
# +-- 集計結果の保存名称
```

```
    print(wocros2,chi2.test=F)                      #  集計結果の表示指示
#   ----  ------  -----------
#    |      |          |
#    |      |          +--  カイ 2 乗結果を表示しない
#    |      +--  表示する集計結果オブジェクト
#    +--  オブジェクトの出力表示指示
```

3.2.2 カイ2乗検定

統計的有意性検定で、もっとも基本的な、2つ(またはより多数の)割合、比率、出現率などが等しいというゼロ仮説の検定である。説明は以下の順に行う。
(1) クロス集計と同時にカイ2乗検定をする(`crosstabs`)
(2) カイ2乗検定のみをする(`chisq.test`)
(3) 2×2表のカイ2乗検定でYeat'sの補正をする(`chisq.test`)

データとして、`liver.cells`と`liver.exper`を使ってカイ2乗検定を説明する。

(1) クロス集計表と同時にカイ2乗検定をする(`crosstabs`)

Example ソースプログラム "cros3221.ssc" を以下のように作成する。

```
cat("liver exper,cellsの集計・検定¥n")    # 集計・検定項目の表示
                                         # 表側(liver.exper)・表頭(liver.cells)の集計
wocros32123<-crosstabs(~liver.exper+liver.cells)
print(wocros32123)                       # 集計表・検定結果の出力
cat("¥n")                                # 表示の改行
```

上記のソースを実行するには、Sのコマンドウィンドウで以下のように入力する。
>`source("cros3221.ssc")`

```
liver exper,cellsの集計・検定
Call:
crosstabs( ~ liver.exper + liver.cells)
52 cases in table
+--------------+
|N             |
|N/RowTotal    |
|N/ColTotal    |
|N/Total       |
+--------------+
liver.exper|liver.cells
           |0      |1      |3      |5      |7      |10     |15     |RowTotl|
       ----+-------+-------+-------+-------+-------+-------+-------+-------+
         A |4      |4      |2      |6      |4      |4      |2      |26     |
           |0.15   |0.15   |0.077  |0.23   |0.15   |0.15   |0.077  |0.5    |
           |0.5    |0.33   |0.33   |0.5    |1      |0.5    |1      |       |
           |0.077  |0.077  |0.038  |0.12   |0.077  |0.077  |0.038  |       |
       ----+-------+-------+-------+-------+-------+-------+-------+-------+
         B |2      |4      |4      |4      |0      |2      |0      |16     |
           |0.12   |0.25   |0.25   |0.25   |0      |0.12   |0      |0.31   |
           |0.25   |0.33   |0.67   |0.33   |0      |0.25   |0      |       |
```

```
             |0.038  |0.077  |0.077  |0.077  |0      |0.038  |0      |       |
       ------+-------+-------+-------+-------+-------+-------+-------+-------+
         C   |2      |4      |0      |2      |0      |2      |0      |10     |
             |0.2    |0.4    |0      |0.2    |0      |0.2    |0      |0.19   |
             |0.25   |0.33   |0      |0.17   |0      |0.25   |0      |       |
             |0.038  |0.077  |0      |0.038  |0      |0.038  |0      |       |
       ------+-------+-------+-------+-------+-------+-------+-------+-------+
        ColTotl|8    |12     |6      |12     |4      |8      |2      |52     |
             |0.15   |0.23   |0.12   |0.23   |0.077  |0.15   |0.038  |       |
       ------+-------+-------+-------+-------+-------+-------+-------+-------+
       Test for independence of all factors
       Chi^2 = 12.45 d.f.= 12 (p=0.4102491)
       Yates' correction was not used
       Some expected values are less than 5, don't trust stated p-value
```

[Explanation] ソースプログラムの説明

```
   cat("¥n")                                   # 表示の改行
   cat("liver exper,cellsの集計・検定¥n")        # 集計・検定項目の表示
                                               # 表側(liver.exper)・表頭(liver.cells)の集計
  wocros32123<-crosstabs(~liver.exper+liver.cells)
# -----------  ---------  ------------  -----------
# |            |          |             |
# |            |          |             +-- 式と集計項目の指定(表頭)
# |            |          +-- 式と集計項目の指定(表側)
# |            +-- 集計コマンド
# +-- 集計結果の保存名称
   print(wocros32123)                          # 集計表・検定結果の出力
# -----  -----------
# |      |
# |      +-- 表示する集計結果オブジェクト
# +-- オブジェクトの出力表示指示
   cat("¥n")                                   # 表示の改行
```

(2) カイ2乗検定のみをする(chisq.test)

Example ソースプログラム "chi3222.ssc" を以下のように作成する。

```
cat("liver exper,cellsのカイ2乗検定¥n")          # 検定項目の表示
wochi3222<-chisq.test(                          # カイ2乗検定の指定
                liver.exper,                    # 表側変数(liver.exper)の指定
```

```
                        liver.cells,                    # 表頭変数(liver.cells)の指定
                        correct=F)                      # Yeat'sの補正なしの指定
print(wochi3222)                                        # 検定結果の出力
cat("¥n")                                               # 表示の改行
```

上記のソースを実行するには、Sのコマンドウィンドウで以下のように入力する。
>source("chi3222.ssc")

```
liver exper,cellsの集計・検定
            Pearson's chi-square test without Yates' continuity correction
data: liver.exper and liver.cells
X-squared = 12.45, df = 12, p-value = 0.4102
Warning messages :
    Expected counts < 5 , Chi-squared approximation may not be appropriate.
    in chisq.test(liver.exper,liver.cells,correct=F........)
```

Explanation ソースプログラムの説明

```
#
  cat("liver exper,cellsのカイ2乗検定¥n")              # 検定項目の表示
  wochi3222<-chisq.test(                                # カイ2乗検定の指定
                        liver.exper,                    # 表側変数(liver.exper)の指定
                        liver.cells,                    # 表頭変数(liver.cells)の指定
                        correct=F)                      # Yeat'sの補正なしの指定
# ---------  ----------  --------------
# |           |            |
# |           |            +-- 表側変数(liver.exper)の指定
# |           |                表頭変数(liver.cells)の指定
# |           |                Yeat'sの補正なしの指定
# |           +-- カイ2乗検定の指定
# +-- 検定結果保存名
  print(wochi3222)                                      # 検定結果の出力
# -----  ---------
# |       |
# |       +-- 表示する集計結果オブジェクト
# +-- オブジェクトの出力表示指示
  cat("¥n")                                             # 表示の改行
```

(3) 2×2表のカイ2乗検定でYeat'sの補正をする(`chisq.test`)。

Example ソースプログラム "`chi3223.ssc`" を以下のように作成する。2×2表のデータを作る。

```
cat("v01,v02 のカイ2乗検定¥n")            # 検定項目の表示
                                         # 2×2表のデータを作る関数読込
source("mkcrsdt.ssc")
                                         # 2×2表のデータを作る
dt3223 <- mkcrsdt(data=c(5,2,3,6),hyosoku=c(2,4),hyotou=c(1,3),
                  nrow=2,ncol=2,
                  colnm=c("v01","v02"))
print(dt3223)
                                         # クロス集計をする
wocros3223<-crosstabs(~dt3223[,"v01"]+dt3223[,"v02"])
print(wocros3223)
                                         # カイ2乗検定をする(Yeat'sの補正なし)
wochi3223F<-chisq.test(
                  dt3223[,"v01"],
                  dt3223[,"v02"],
                  correct=F)
print(wochi3223F)
                                         # カイ2乗検定をする(Yeat'sの補正あり)
wochi3223T<-chisq.test(
                  dt3223[,"v01"],
                  dt3223[,"v02"],
                  correct=T)
print(wochi3223T)
```

上記のソースを実行するには、Sのコマンドウィンドウで以下のように入力する。
```
>source("chi3223.ssc")
```

```
v01,v02 のカイ2乗検定
        v01 v02
 [1,]    2   1
 [2,]    2   1
 [3,]    2   1
 [4,]    2   1
 [5,]    2   1
 [6,]    2   3
 [7,]    2   3
```

```
 [8,]   4   1
 [9,]   4   1
[10,]   4   1
[11,]   4   3
[12,]   4   3
[13,]   4   3
[14,]   4   3
[15,]   4   3
[16,]   4   3
```

Call:
crosstabs(formula = ~ dt3223[, "v01"] + dt3223[, "v02"])
16 cases in table

```
+----------+
|N         |
|N/RowTotal|
|N/ColTotal|
|N/Total   |
+----------+
```

dt3223[, "v01"]|dt3223[, "v02"]

	1	3	RowTotl
2	5	2	7
	0.71	0.29	0.44
	0.62	0.25	
	0.31	0.12	
4	3	6	9
	0.33	0.67	0.56
	0.38	0.75	
	0.19	0.38	
ColTotl	8	8	16
	0.5	0.5	

Test for independence of all factors
        Chi^2 = 2.285714 d.f.= 1 (p=0.13057)
        Yates' correction was not used
        Some expected values are less than 5, don't trust stated p-value

```
	        Pearson's chi-square test without Yates' continuity correction

data:  dt3223[, "v01"] and dt3223[, "v02"]
X-square = 2.2857, df = 1, p-value = 0.1306


	        Pearson's chi-square test with Yates' continuity correction

data:  dt3223[, "v01"] and dt3223[, "v02"]
X-square = 1.0159, df = 1, p-value = 0.3135

Warning messages:
1: Expected counts < 5. Chi-square approximation may not be appropriate. in:
          chisq.test(dt3223[, "v01"], dt3223[, "v02"], correct = F)
2: Expected counts < 5. Chi-square approximation may not be appropriate. in:
          chisq.test(dt3223[, "v01"], dt3223[, "v02"], correct = T)
```

[Explanation] ソースプログラムの説明

```
cat("v01,v02 のカイ２乗検定¥n")           # 検定項目の表示
                                          # ２×２表のデータを作る関数読込
source("mkcrsdt.ssc")
                                          # ２×２表のデータを作る
                                          # 下のクロス集計結果のデータを作る
dt3223 <- mkcrsdt(data=c(5,2,3,6),hyosoku=c(2,4),hyotou=c(1,3),
                  nrow=2,ncol=2,
                  colnm=c("v01","v02"))
print(dt3223)                             # 結果の表示
                                          # クロス集計をする
wocros3223<-crosstabs(~dt3223[,"v01"]+dt3223[,"v02"])  # 表頭 dt3223[,"v01"]
                                          # 表側 dt3223[,"v02"]
print(wocros3223)                         # 結果の表示
                                          # カイ２乗検定をする(Yeat'sの補正なし)
wochi3223F<-chisq.test(
                   dt3223[,"v01"],
                   dt3223[,"v02"],
                   correct=F)             # Yeat'sの補正なしの指定
print(wochi3223F)                         # 結果の表示
                                          # カイ２乗検定をする(Yeat'sの補正あり)
```

```
wochi3223T<-chisq.test(
                dt3223[,"v01"],
                dt3223[,"v02"],
                correct=T)              # Yeat'sの補正ありの指定
print(wochi3223T)                       # 結果の表示
```

3.2.3　Fisherの直接確率（2×2）

出現率の比較に用いる統計的有意性検定。サンプルの大きさが（しばしば30未満と）小さいときにはカイ2乗検定よりも好んで用いられる。

CASE

以下のデータを作成し、検定をする。

```
         |  B  |  B bar
---------+-----+--------
 A       |  2  |   3
---------+-----+--------
 A bar   |  4  |   0
```

Example　ソースプログラム　"fish3231.ssc"を以下のように作成する。

```
#                                       # データの作成
  wx<-c(1,1,2,1,2,1,1,2,2)              # 表側変数の作成
  wy<-c(1,1,1,2,1,2,2,1,1)              # 表頭変数の作成
  wx<-category(wx,label=c("A","A bar")) # 類別オブジェクト化
  wy<-category(wy,label=c("B","B bar")) # 類別オブジェクト化
#
  wocros3231<-table(wx,wy)              # クロス集計
  wofish3231 <-fisher.test(wx,wy)       # Fisher's exact test
#     fisher.test(table(wx,wy)) でもよい
  cat("wx,wy の集計・検定\n")           # タイトル表示
  print(wocros3231)                     # 集計結果表示
  print(wofish3231)                     # 検定結果表示
#
```

上記のソースを実行するには、Sのコマンドウィンドウで以下のように入力する。
```
>source("fish3231.ssc")
```

```
wx,wy の集計・検定
            B     B bar
A           2       3
A bar       4       0
            Fisher's exact test
data :      wx   and   wy
p-value = 0.1667
alternative hypothesis :  two.sides
```

Explanation ソースプログラムの説明

```
#                                                          # データの作成
  wx<-c(1,1,2,1,2,1,1,2,2)                                 # 表側変数の作成
# --    -----------------
# |     |
# |     +-- かっこ内のデータをオブジェクトとする
# +-- 表側保存データ名
  wy<-c(1,1,1,2,1,2,2,1,1)                                 # 表頭変数の作成
# --    -----------------
# |     |
# |     +-- かっこ内のデータをオブジェクトとする
# +-- 表頭保存データ名
  wx <- category(wx,label=c("A","A bar"))                  # 類別オブジェクト化
# --    --------  --  --------------------
# |     |         |   |
# |     |         |   +-- 水準の名称
# |     |         +-- 類別オブジェクト化するオブジェクト
# |     +-- 類別オブジェクト化の指示
# +-- 表側保存データ名
  wy<-category(wy,label=c("B","B bar"))                    # 類別オブジェクト化
# --   --------  --  --------------------
# |    |         |   |
# |    |         |   +-- 水準の名称
# |    |         +-- 類別オブジェクト化するオブジェクト
# |    +-- 類別オブジェクト化の指示
# +-- 表頭保存データ名
  wocros3231<-table(wx,wy)                                 # %なしクロス集計
# ----------   ------  --  --
# |            |       |   |
# |            |       |   +-- 表頭変数名
# |            |       +-- 表側変数名
# |            +-- %なしクロス集計の指示
# +-- %なしクロス集計の結果
```

```
  wofish3231 <-fisher.test(wx,wy)                    # Fisher's exact test
#      fisher.test(table(wx,wy)) でもよい
# --------- ---------- -----
# |          |          |
# |          |          +-- 検定対象変数またはtableでの集計結果
# |          +-- Fisher's exact testの指示
# +-- Fisher's exact testの結果
  cat("wx,wy の集計・検定\n")                         # タイトル表示
  print(wocros3231)                                   # 集計結果表示
  print(wofish3231)                                   # 検定結果表示
#
```

> **NOTE**
> セルの合計が200以上の場合は、計算不能である。

3.2.4 U検定（Mann-Whitney）

ノンパラメトリックの有意性検定で、独立な2群の位置母数（通常、中央値）は同じというゼロ仮説の検定であるU検定（Mann-Whitney）について説明する。データには、"t3241dt"の"gun"と"weight"を使ってU検定を説明する。"t3241st.ssc"を使用してデータを作成する。

Example ソースプログラム　"utst3241.ssc"を以下のように作成する。

```
cat("t3241dt gun,weightのU検定\n")          # 集計・検定項目の表示
                                             # データの作成
source("t3241st.ssc")
                                             # U検定（両側）
                                             # Wilcoxonの順位和検定
woutst3241a <-wilcox.test(t3241dt$weight[t3241dt$gun==1],
                          t3241dt$weight[t3241dt$gun==2],exact=F)
                                             # 検定結果の出力
print(woutst3241a)
                                             # Wilcoxonの順位和検定(連続修正なし)
woutst3241b <-wilcox.test(t3241dt$weight[t3241dt$gun==1],
                          t3241dt$weight[t3241dt$gun==2],correct=F)
                                             # 検定結果の出力
print(woutst3241b)
```

"t3241st.ssc"を使用してデータを作成する。
>source("t3241st.ssc")
>t3241dt

	datano	weight	gun
1	1	39.1	1
2	2	48.0	1
3	3	61.6	2
4	4	55.7	2
5	5	39.8	2
6	6	66.2	1
7	7	56.2	2
8	8	55.3	2
9	9	39.9	1
10	10	46.0	1
11	11	65.7	1
12	12	49.6	1
13	13	58.4	2

14	14	66.6	2
15	15	59.9	1
16	16	62.1	2
17	17	55.9	1
18	18	73.7	2
19	19	47.0	1
20	20	37.9	2
21	21	50.5	1
22	22	32.3	1
23	23	64.2	2
24	24	71.4	1
25	25	35.4	2
26	26	45.8	2
27	27	63.4	1
28	28	56.3	1
29	29	46.1	1
30	30	48.6	2

上記のソースを実行するには、Sのコマンドウィンドウで以下のように入力する。
```
>source("utst3241.ssc")
```

```
t3241dt gun,weightのU検定

            Wilcoxon rank-sum test

data:  t3241dt$weight[t3241dt$gun == 1] and t3241dt$weight[t3241dt$gun == 2]
rank-sum normal statistic with correction Z = -0.3533, p-value = 0.7238
alternative hypothesis:  mu is not equal to 0


            Exact Wilcoxon rank-sum test

data:  t3241dt$weight[t3241dt$gun == 1] and t3241dt$weight[t3241dt$gun == 2]
rank-sum statistic W = 239, n = 16,  m = 14, p-value = 0.7277
alternative hypothesis:  mu is not equal to 0
```

Explanation ソースプログラムの説明

```
#
  cat("t3241dt gun,weightのU検定\n")              # 集計・検定項目の表示
#
                    # U検定(両側)
                                            # Wilcoxonの順位和検定
  woutst3241a <-wilcox.test(t3241dt$weight[t3241dt$gun==1],    # 群1のデータ
                            t3241dt$weight[t3241dt$gun==2],    # 群2のデータ
                            exact=F)
                    # 検定結果の出力
  print(woutst3241a)
#
                                            # Wilcoxonの順位和検定(連続修正なし)
  woutst3241b <-wilcox.test(t3241dt$weight[t3241dt$gun==1],    # 群1のデータ
                            t3241dt$weight[t3241dt$gun==2],    # 群2のデータ
                            correct=F)                         # 連続修正なし
                    # 検定結果の出力
  print(woutst3241b)
#
```

3.2.5 H検定(Kruskal-Wallis)

2群以上の位置母数は等しいというゼロ仮説のノンパラメトリックな統計的有意性検定である、H検定(Kruskal-Wallis)について説明する。データとして、"liver.cells"と"liver.exper"を使って、H検定を説明する。

Example ソースプログラム "htst3251.ssc"を以下のように作成する。

```
cat("liver exper,cellsの集計・H検定\n")                          # 集計・検定項目の表示
                                                  # 表側(liver.exper)・表頭(liver.cells)の集計
wocros3251<-crosstabs(~liver.exper+liver.cells,
                                  na.action=na.omit)  # NAを抜く
wohtst3251 <-kruskal.test(liver.cells,liver.exper)    # H検定(両側)
print(wocros3251)                                     # 集計表の出力
print(wohtst3251)                                     # 検定結果の出力
cat("\n")                                             # 表示の改行
```

上記のソースを実行するには、Sのコマンドウィンドウで以下のように入力する。
```
>source("htst3251.ssc")
```

```
liver exper,cellsの集計・H検定
Call:
crosstabs(formula =  ~ liver.exper + liver.cells, na.action = na.omit)
52 cases in table
+----------+
|N         |
|N/RowTotal|
|N/ColTotal|
|N/Total   |
+----------+
liver.exper|liver.cells
           |0      |1      |3      |5      |7      |10     |15     |RowTotl|
-------+-------+-------+-------+-------+-------+-------+-------+-------+
A          |4      |4      |2      |6      |4      |4      |2      |26     |
           |0.15   |0.15   |0.077  |0.23   |0.15   |0.15   |0.077  |0.5    |
           |0.5    |0.33   |0.33   |0.5    |1      |0.5    |1      |       |
           |0.077  |0.077  |0.038  |0.12   |0.077  |0.077  |0.038  |       |
-------+-------+-------+-------+-------+-------+-------+-------+-------+
B          |2      |4      |4      |4      |0      |2      |0      |16     |
           |0.12   |0.25   |0.25   |0.25   |0      |0.12   |0      |0.31   |
           |0.25   |0.33   |0.67   |0.33   |0      |0.25   |0      |       |
           |0.038  |0.077  |0.077  |0.077  |0      |0.038  |0      |       |
```

```
-------+-------+-------+-------+-------+-------+-------+-------+-------+
C      |2      |4      |0      |2      |0      |2      |0      |10     |
       |0.2    |0.4    |0      |0.2    |0      |0.2    |0      |0.19   |
       |0.25   |0.33   |0      |0.17   |0      |0.25   |0      |       |
       |0.038  |0.077  |0      |0.038  |0      |0.038  |0      |       |
-------+-------+-------+-------+-------+-------+-------+-------+-------+
ColTotl|8      |12     |6      |12     |4      |8      |2      |52     |
       |0.15   |0.23   |0.12   |0.23   |0.077  |0.15   |0.038  |       |
-------+-------+-------+-------+-------+-------+-------+-------+-------+
```

Test for independence of all factors

    Chi^2 = 12.45 d.f.= 12 (p=0.4102491)

    Yates' correction was not used

    Some expected values are less than 5, don't trust stated p-value

    Kruskal-Wallis rank sum test

data: liver.cells and liver.exper

Kruskal-Wallis chi-square = 2.2804, df = 2, p-value = 0.3198

alternative hypothesis: two.sided

Explanation ソースプログラムの説明

```
    cat("liver exper,cellsの集計・H検定¥n")                    # 集計・検定項目の表示
    wocros3251 <- crosstabs(~liver.exper+liver.cells,         # 表側(exper)・表頭(cells)の集計
                                            na.action=na.omit)  # NAを抜く
#   ----------   ---------  ------------  ----------
#   |            |          |             |
#   |            |          |             +-- 式と集計項目の指定(表頭)
#   |            |          +-- 式と集計項目の指定(表側)
#   |            +-- 集計コマンド
#   +-- 集計結果の保存名称
    wohtst3251 <-kruskal.test(liver.cells,liver.exper)         # H検定(両側)
#   ----------   ------------  ----------   -----------
#   |            |             |            |
#   |            |             |            +-- 表側変数の指定(グループ)
#   |            |             +-- 表頭変数の指定
#   |            +-- H検定の指定
#   +-- H検定結果の保存名
    print(wocros3251)                                          # 集計表の出力
    print(wohtst3251)                                          # 検定結果の出力
    cat("¥n")                                                  # 表示の改行
```

3.2.6 Wilcoxonの一標本順位検定

単一群の対象について、それぞれ2時点でのスコアを観察し、その中央値の変化は0であるとのゼロ仮説の統計的有意性検定を順位を用いて実施するノンパラメトリック手法である、Wilcoxonの一標本順位検定について説明する。ある時刻とその次の時刻のデータの差を見るときに使用する。

CASE

以下のようなデータがある。("t3261dt1"のデータは、source("t3261st.ssc")を使用して作成する。)

>t3261dt1

```
dtno  tm1  val1  tm2  val2
  1    1    2    2    3
  2    1    3    2    3
  ..................
  n    1    1    2    2
```

Example ソースプログラム "wrs3261.ssc" を以下のように作成する。

```
cat("val1:val2のWilcoxonの一標本検定¥n")    # 検定項目の表示
wrstst3261 <-wilcox.test(                    # Wilcoxon検定
                  t3261dt1[,"val1"],         # 最初の時刻のデータ
                  t3261dt1[,"val2"],         # 次の時刻のデータ
                  paired=T)                  # 一標本検定の指定
print(wrstst3261)                            # 検定結果の出力
cat("¥n")                                    # 表示の改行
```

上記のソースを実行するには、Sのコマンドウィンドウで以下のように入力する。

>source("wrs3261.ssc")

```
val1:val2のWilcoxonの一標本検定
         Wilcoxon signed-rank test
data:  t3261dt1[, "val2"] and t3261dt1[, "val1"]
signed-rank normal statistic with correction Z = 0.9412, p-value = 0.3466
alternative hypothesis:  mu is not equal to 0


Warning messages:
1: cannot compute exact p-value with ties in: wil.sign.rank(dff, alternative,
           exact, correct)
2: cannot compute exact p-value for zero differences in: wil.sign.rank(dff,
           alternative, exact, correct)
```

Explanation ソースプログラムの説明

```
#
cat("val1：val2のWilcoxonの一標本検定¥n")              # 検定項目の表示
wrstst3261 <-wilcox.test(                              # Wilcoxon検定
                    t3261dt1[,"val1"],                 # 最初の時刻のデータ
                    t3261dt1[,"val2"],                 # 次の時刻のデータ
                    paired=T)                          # 一標本検定の指定(必須)
# --------    -----------  --------------------
# |           |            |
# |           |            |
# |           |            +-- 最初の時刻のデータ
# |           |                次の時刻のデータ
# |           |                一標本検定指示(必須)
# |           +-- Wilcoxonの検定
# +-- 検定結果の保存名
print(wrstst3261)                                      # 検定結果の出力
cat("¥n")                                              # 表示の改行
```

例題を別途実行しなさい。(データは、サイエンティスト社のホームページからダウンロードできる。http://www.scientist-press.com/11_317.html、データ作成プログラム名：`"t3262st.ssc"`、検定プログラム名：`"wrs3262.ssc"`)

3.2.7　Spearmanの順位相関係数

対になった|xi, yi|のxおよびyのそれぞれを順位に(同位は同位順位に)置き直し(通常のパラメトリックの計算で)求めたノンパラメトリックな相関係数である。

CASE

以下のようなデータがある。("t3271dt1"のデータは、source("t3271st.ssc")を使用して作成する。)

```
>t3271dt1
```

dtno	km1	km2
1	120	180
2	100	120
3	70	130
4	80	170
5	180	230
6	230	160
7	150	190
8	60	140

Example　ソースプログラム　"spea3271.ssc"を以下のように作成する。

```
cat("Spearmanの順位相関係数¥n")                # 検定項目の表示
wospear3271 <-cor(rank(t3271dt1 [,"km1"]),    # 相関係数・順位付け
                  rank(t3271dt1 [,"km2"]))    # 順位付け
print(wospear3271)                            # 検定結果の出力
cat("¥n")                                     # 表示の改行
```

上記のソースを実行するには、Sのコマンドウィンドウで以下のように入力する。

```
>source("spea3271.ssc")
```

```
[1] 0.5714286
```

Explanation ソースプログラムの説明

```
#
  cat("Spearmanの順位相関係数¥n")              # 検定項目の表示
  wospear3271 <-cor(rank(t3271dt1 [,"km1"]),  # 相関係数・順位付け
                    rank(t3271dt1 [,"km2"]))  # 順位付け
#----------     ---  ----------------------
#|              |    |
#|              |    +-- Spearmanの順位相関係数を求めるための順序付け
#|              +-- 相関係数を求める指定
#+-- Spearmanの順位相関係数の保存名
  print(wospear3271)                          # 検定結果の出力
  cat("¥n")                                   # 表示の改行
```

3.2.8 McNemar検定（2 × 2）

判定者が2人いて、その判定結果の違いをみる場合に使用する。判定結果は二分類である。

CASE

集計結果として、以下のようなデータがある。

```
  評1|  評2
     |   +    -
-----------------
   + |  15   20
   - |   5   60
```

「2.10.3 クロス集計結果からのデータ作成の関数化」の項に説明がある"mkcrsdt"関数を使ってデータを作成する。その使用方法は、以下のとおりである。

```
>t3281dt1 <- mkcrsdt(data=c(15,20,5,60),hyosoku=c(1,2),hyotou=c(1,2),
                 nrow=2,ncol=2,
                 colnm=c("hyo1","hyo2"))
>t3281dt1
dtno    hyo1    hyo2
  1      1       1
  2      1       1
   ................
 100     2       2
```

Example ソースプログラム "mcne3281.ssc" を以下のように作成する。

```
#
# 3.2.8 Example mcne3281.s
#
  t3281dt1 <- mkcrsdt(data=c(15,20,5,60),hyosoku=c(1,2),hyotou=c(1,2),
                    nrow=2,ncol=2,
                    colnm=c("hyo1","hyo2"))
#
  cat("hyo1とhyo2のMcNemar検定¥n")         # 検定項目の表示
  wotbl3281<-table(t3281dt1[,"hyo1"],t3281dt1[,"hyo2"])    # クロス集計
                                            # McNemar検定(wotbl3281)
  womcne3281<-mcnemar.test(t3281dt1[,"hyo1"],t3281dt1[,"hyo2"])
  print(wotbl3281)                          # クロス集計結果の出力
  print(womcne3281)                         # 検定結果の出力
  cat("¥n")                                 # 表示の改行
#
```

上記のソースを実行するには、Sのコマンドウィンドウで以下のように入力する。
```
>source("mcne3281.ssc")
```

```
hyo1とhyo2のMcNemar検定
        1    2
  1    15   20
  2     5   60


         McNemar's chi-square test with continuity correction

data : t3281dt1[,"hyo1"]  and  t3281dt1[,"hyo2"]
McNemar's chi-square = 7.84,  df = 1,  p-value = 0.0051
```

Explanation ソースプログラムの説明1

```
#
  cat("hyo1とhyo2のMcNemar検定¥n")    # 検定項目の表示
  wotbl3281<-table(t3281dt1[,"hyo1"],(t3281dt1[,"hyo2"])    # クロス集計
#---------   -----  ----------------   ------------------
#|            |      |                  |
#|            |      |                  +-- 評価者2
#|            |      +-- 評価者1
#|            +-- 集計指示
#+-- 集計結果名
  womcne3281<-mcnemar.test(t3281dt1[,"hyo1"], t3281dt1[,"hyo2"] )   # McNemar検定
#---------   -----------  ----------------   -------------------
#|            |            |                  |
#|            |            |                  +-- 評価者2
#|            |            +-- 評価者1
#|            +-- McNemar
#+-- 検定結果名    検定指示    print(wotbl3281)
                                                      # クロス集計結果の出力
  print(womcne3281)                                   # 検定結果の出力
  cat("¥n")                                           # 表示の改行
```

Explanation ソースプログラムの説明2

```
  womcne3281 <- mcnemar.test(wotbl3281)   # McNemar検定
 #----------     ------------ ---------
 #|              |            |
 #|              |            +-- 集計結果を渡す
 #|              +-- McNemar
 #+-- 検定結果名   検定指示
```

第3節　パラメトリック

ここでは、パラメトリックデータの解析で基本となる手法の使い方について説明する。（パラメトリックデータは、一般的に計測値である。）

3.3.1　F検定およびt検定（Student、Welch）

独立二群の差の検定としてよく用いられる手法である。
　　F検定　　　　　：等分散性の検定
　　Student　　　　：二群の分散が等しい場合
　　Welch　　　　　：二群の分散が等しくない場合
第3章　第1節(3)で作成した以下の関数を読み込む。
```
>source("stdcomp.ssc")
```

CASE

以下のようなデータがあり、これを使って上記の検定をする。dtgun=1をA群、dtgun=2をB群とする。("ttstdt"のデータは、source("t331st.ssc")を使用して作成する。)
```
>source("t331st.ssc")
>ttstdt
```

dtno	dtgun	val1
1	1	54
2	1	49
3	1	42
4	1	40
5	1	35
6	2	68
7	2	65
8	2	60
9	2	56
10	2	52
11	2	47
12	2	44

Example ソースプログラム　"ttst331.ssc"を以下のように作成する。

```
cat("A群、B群の集計・検定¥n")                         # 集計項目の表示
wtst331adt<-ttstdt[ttstdt[,"dtgun"]==1,]              # A群の抽出
wtst331bdt<-ttstdt[ttstdt[,"dtgun"]==2,]              # B群の抽出
#     通常はここで基本統計量を計算する
woftst331<-var.test(                                  # 等分散の検定
                    wtst331adt[,"val1"],              # A群の変数指定
```

```
                            wtst331bdt[,"val1"])     # B群の変数指定
wosttest331<-t.test(                                 # Student t 検定
                    wtst331adt[,"val1"],             # A群の変数指定
                    wtst331bdt[,"val1"],             # B群の変数指定
                    mu=2)
wowettest331<-t.test(                                # Welch t 検定
                    wtst331adt[,"val1"],             # A群の変数指定
                    wtst331bdt[,"val1"],             # B群の変数指定
                    var.equal=F,conf.level=0.90)
                                                     # 集計・検定結果出力
#cat("A群の基本統計量")                               # タイトル出力
#print(xxxxxxx)                                      # 基本統計量の出力
#cat("B群の基本統計量")                               # タイトル出力
#print(xxxxxxx)                                      # 基本統計量の出力
cat("A群、B群の検定\n")                              # 集計項目の表示
print(woftst331)                                     # F検定結果出力
print(wosttest331)                                   # Student t 検定結果出力
print(wowettest331)                                  # Welch t 検定結果出力
```

上記のソースを実行するには、Sのコマンドウィンドウで以下のように入力する。

```
>source("ttst331.ssc")
```

```
A群、B群の集計・検定
A群の基本統計量
   Min.    1st Qu.  Median.   Mean    3rd Qu.   Max.    NA's    Var.      S.D.
   35      40       42        44      49        54      0       56.5      7.516648
   C.V.    S.E.     Rec.N  N
   17.08329  3.361547   5  5
B群の基本統計量
   Min.    1st Qu.  Median.   Mean    3rd Qu.   Max.    NA's    Var.      S.D.
   44      49.5     56        56      62.5      68      0       80.33333  8.962886
   C.V.    S.E.     Rec.N  N
   16.00515  3.387653   7  7
A群、B群の検定


            F test for variance equality

data:  wtst331adt[, "val1"] and wtst331bdt[, "val1"]
F = 0.7033, num df = 4,  denom df = 6,  p-value = 0.7646
alternative hypothesis:  ratio of variances is not equal to 1
```

```
95 percent confidence interval:
 0.1129438 6.4686482
sample estimates:
 variance of x variance of y
          56.5        80.33333


        Welch Modified Two-Sample t test

data:  wtst331adt[, "val1"] and wtst331bdt[, "val1"]
t = -2.9335, df = 9.62921939205924, p-value = 0.0155
alternative hypothesis:  difference in means is not equal to 2
95 percent confidence interval:
 -22.689424  -1.310576
sample estimates:
 mean of x mean of y
        44        56


        Welch Modified Two-Sample t test

data:  wtst331adt[, "val1"] and wtst331bdt[, "val1"]
t = -2.5144, df = 9.62921939205924, p-value = 0.0315
alternative hypothesis:  difference in means is not equal to 0
90 percent confidence interval:
 -20.683784  -3.316216
sample estimates:
 mean of x mean of y
        44        56
```

Explanation ソースプログラムの説明

```
cat("A群、B群の集計・検定\n")                          # 集計項目の表示
wtst331adt<-ttstdt[ttstdt[,"dtgun"]==1,]              # A群の抽出
#---------  ------ ------------------  --
#|         |      |                   |
#|         |      |                   +-- すべての変数
#|         |      +-- A群の抽出
#|         +-- 抽出対象データ
#+-- 抽出済保存データ名
```

```
   wtst331bdt<-ttstdt[ttstdt[,"dtgun"]==2,]        # B群の抽出
#---------   ------  ------------------- --
#|           |       |                   |
#|           |       |                   +-- すべての変数
#|           |       +-- B群の抽出
#|           +-- 抽出対象データ
#+-- 抽出済保存データ名

#     通常はここで基本統計量を計算する
   woftst331<-var.test(                           # 等分散の検定(F検定)
                      wtst331adt[,"val1"],        # A群の変数指定
                      wtst331bdt[,"val1"])        # B群の変数指定
#---------  --------  --------------------
#|          |         |
#|          |         +-- 検定対象変数名
#|          +-- 等分散の検定(F検定)
#+-- F検定結果保存名
   wosttest331<-t.test(                           # Student t 検定
                      wtst331adt[,"val1"],        # A群の変数指定
                      wtst331bdt[,"val1"],        # B群の変数指定
                      mu=2)
#----------   ------  --------------------
#|            |       |
#|            |       +-- 検定対象変数名
#|            +-- Student t test
#+-- 検定結果保存名
   wowettest331<-t.test(                          # Welch t 検定
                      wtst331adt[,"val1"],        # A群の変数指定
                      wtst331bdt[,"val1"],        # B群の変数指定
                      var.equal=F,conf.level=0.90)
#----------     -----  --------------------
#|              |      |
#|              |      +-- 検定対象変数名
#|              +-- Welch
#+-- 検定結果保存名
                                                  # 集計・検定結果出力
   #cat("A群の基本統計量")                         # タイトル出力
   #print(xxxxxxx)                                # 基本統計量の出力
   #cat("B群の基本統計量")                         # タイトル出力
```

```
#print(xxxxxxx)              # 基本統計量の出力
cat("A群、B群の検定\n")        # 集計項目の表示
print(woftst331)             # F検定結果出力
print(wosttest331)           # Student t 検定結果出力
print(wowettest331)          # Welch t 検定結果出力
```

3.3.2　Paired t検定

対データを得た母集団での平均差はある特定の値に等しいとのゼロ仮説の統計的有意性検定。

CASE

以下のようなデータがあり、これを使って上記の検定をする。時刻"tm1"と時刻"tm2"での同一個体の値に差があるかをみる。("pttstdt"のデータは、source("t332st.ssc")を使用して作成する。)

```
>pttstdt
```

dtno	tm1	val1	tm2	val2
1	1	98	2	86
2	1	88	2	73
3	1	100	2	95
4	1	96	2	92
5	1	107	2	99
6	1	114	2	116

Example　ソースプログラム　"pttst332.ssc"を以下のように作成する。

```
cat("val1,val2の集計・検定\n")                          # 集計項目の表示
                                                        # 未入力カット
wpttst332dt<-pttstdt[!is.na(pttstdt[,"val1"])&!is.na(pttstdt[,"val2"]),]
wostd332v1<-stdcomp(wpttst332dt[,"val1"])              # val1の基本統計量
wostd332v2<-stdcomp(wpttst332dt[,"val2"])              # val2の基本統計量
                                       # t 検定  # tm2の変数指定 # tm1の変数指定
                                                 # paired t 検定指定(必須)
wopttst332<-t.test(wpttst332dt[,"val2"],wpttst332dt[,"val1"],
                   alternative="less",paired=T)
                                                # 集計・検定結果出力
cat("val1の基本統計量\n")                        # タイトル出力
print(wostd332v1)                                # val1基本統計量の出力
cat("val2の基本統計量\n")                        # タイトル出力
print(wostd332v2)                                # val2基本統計量の出力
cat("val1,val2のpaired t 検定\n")                # 集計項目の表示
print(wopttst332)                                # paired t 検定結果出力
```

上記のソースを実行するには、Sのコマンドウィンドウで以下のように入力する。

```
>source("pttst332.ssc")
```

```
val1,val2の集計・検定
val1の基本統計量
   Min.     1st Qu.   Median.     Mean    3rd Qu.    Max.    NA's     Var.      S.D.
    88       96.5       99        100.5    105.3     114      0      81.5     9.027735
   C.V.      S.E.      Rec.N      N
  8.982821  3.685557     6        6
val2の基本統計量
   Min.     1st Qu.   Median.     Mean    3rd Qu.    Max.    NA's     Var.      S.D.
    73       87.5      93.5       93.5      98       116      0      203.5    14.26534
   C.V.      S.E.      Rec.N      N
 15.25705   5.823802     6        6
val1,val2のpaired t 検定
         Paired t-Test
data:  wpttst332dt[, "val2"] and wpttst332dt[, "val1"]
t = -2.8265, df = 5, p-value = 0.0184
alternative hypothesis:  mean of differences is less than 0
95 percent confidence interval:
         NA -2.009618
sample estimates:
 mean of x - y
            -7
```

Explanation ソースプログラムの説明

```
    cat("val1,val2の集計・検定\n")                   # 集計項目の表示
    wpttst332dt<-pttstdt[!is.na(pttstdt[,"val1"])&!is.na(pttstdt[,"val2"]),]
                                                            #未入力削除
    #-----------  --------  ------------------------------------------  --
    #|              |          |                                        全行対象  <--+
    #|              |          +-- val1とval2が両方とも入力されているものを対象
    #|              +-- 解析対象データ名
    #+-- val1、val2のペア入力されたデータの保存名
```

```
        wostd332v1<-stdcomp(wpttst332dt[,"val1"])          # val1の基本統計量
        wostd332v2<-stdcomp(wpttst332dt[,"val2"])          # val2の基本統計量
        wopttst332<-t.test(                                # t 検定
                          wpttst332dt[,"val2"],            # tm2の変数指定
                          wpttst332dt[,"val1"],            # tm1の変数指定
                          alternative="less",paired=T)    # paired t 検定指定(必須)
#---------    ------  ---------------------
#|             |       |
#|             |       +-- 検定対象項目指定(val2)
#|             |           検定対象項目指定(val1)
#|             +-- t 検定の指定
#+-- 検定結果の保存名
                                                           # 集計・検定結果出力
        cat("val1の基本統計量\n")                          # タイトル出力
        print(wostd332v1)                                  # val1基本統計量の出力
        cat("val2の基本統計量\n")                          # タイトル出力
        print(wostd332v2)                                  # val2基本統計量の出力
        cat("val1,val2のpaired t 検定\n")                  # 集計項目の表示
        print(wopttst332)                                  # paired t 検定結果出力
```

3.3.3　Pearsonの相関係数

二変量 x，y 間の直線関係の強さをみる指標である。

CASE

以下のようなデータがあり、これを使って上記の計算をする。("peardt" のデータは、source("t333st.ssc") を使用して作成する。)
>peardt

dtno	valx	valy
1	8	6
2	7	5
3	6	7
4	6	6
5	6	4
6	5	5
7	4	6
8	4	3
9	3	4
10	2	3

NOTE

以下のプログラムを実行する前に、次のコマンドで基本統計量の計算関数を読み込む。
>source("stdcomp.ssc")

(1)相関係数のみの計算

Example ソースプログラム　"cor3331.ssc" を以下のように作成する。

```
cat("valx,valyの相関¥n")                          # 計算の表示
wostd3331x<-stdcomp(peardt[,"valx"])              # valxの基本統計量計算をする
wostd3331y<-stdcomp(peardt[,"valy"])              # valyの基本統計量計算をする
wcor3331<-cor(peardt[,"valx"],peardt[,"valy"])    # 相関係数の計算
                                                  # 集計・検定結果出力
cat("valxの基本統計量¥n")                          # タイトル出力
print(wostd3331x)                                 # val1基本統計量の出力
cat("valyの基本統計量¥n")                          # タイトル出力
print(wostd3331y)                                 # val2基本統計量の出力
cat("valx,valyのピアソンの相関係数¥n")             # 計算の表示
print(wcor3331)                                   # 結果の出力
```

上記のソースを実行するには、Sのコマンドウィンドウで以下のように入力する。

```
>source("cor3331.ssc")
```

```
valx,valyの相関
valxの基本統計量
 Min.    1st Qu.   Median.   Mean    3rd Qu.   Max.   NA's    Var.
 2       4         5.5       5.1     6         8      0       3.433333
 S.D.    C.V.      S.E.      Rec.N   N
 1.852926 36.33187 0.5859465 10      10
valyの基本統計量
 Min.    1st Qu.   Median.   Mean    3rd Qu.   Max.   NA's    Var.
 3       4         5         4.9     6         7      0       1.877778
 S.D.    C.V.      S.E.      Rec.N   N
 1.37032 27.96572  0.4333333 10      10
valx,valyのピアソンの相関係数
[1] 0.6170161
```

Explanation ソースプログラムの説明

```
cat("valx,valyの相関¥n")                           # 計算の表示
wostd3331x<-stdcomp(peardt[,"valx"])               # valxの基本統計量計算をする
wostd3331y<-stdcomp(peardt[,"valy"])               # valyの基本統計量計算をする
wcor3331<-cor(peardt[,"valx"],peardt[,"valy"])     # 相関係数の計算
#-------  ---  --------------  ----------------
#|          |    |               |
#|          |    |               +-- 二変量の1つを指定
#|          |    +-- 二変量の1つを指定
#|          +-- 相関係数の計算指定
#+-- 結果保存名

                                                    # 集計・検定結果出力
cat("valxの基本統計量¥n")                           # タイトル出力
print(wostd3331x)                                   # val1基本統計量の出力
cat("valyの基本統計量¥n")                           # タイトル出力
print(wostd3331y)                                   # val2基本統計量の出力
cat("valx,valyのピアソンの相関係数¥n")              # 計算の表示
print(wcor3331)                                     # 結果の出力
```

(2) 相関係数による検定

Example ソースプログラム "cor3332.ssc" を以下のように作成する。

```
cat("valx,valyの相関¥n")                              # 計算の表示
wostd3332x<-stdcomp(peardt[,"valx"])                 # valxの基本統計量計算をする
wostd3332y<-stdcomp(peardt[,"valy"])                 # valyの基本統計量計算をする
                                                     # 相関係数の計算と検定  # X軸 # Y軸
                                                     # 無相関の検定指示
wcor3332<-cor.test(peardt[,"valx"],peardt[,"valy"],alt="two.sided")
                                                     # 集計・検定結果出力
cat("valxの基本統計量¥n")                             # タイトル出力
print(wostd3332x)                                    # val1基本統計量の出力
cat("valyの基本統計量¥n")                             # タイトル出力
print(wostd3332y)                                    # val2基本統計量の出力
cat("valx,valyのピアソンの相関係数¥n")                # 計算の表示
print(wcor3332)                                      # 結果の出力
```

上記のソースを実行するには、Sのコマンドウィンドウで以下のように入力する。

```
> source("cor3332.ssc")
```

```
 [1] "peardt"
valx,valyの相関
valxの基本統計量
 Min.      1st Qu.     Median.     Mean     3rd Qu.    Max.     NA's    Var.
 2         4           5.5         5.1      6          8        0       3.433333
 S.D.      C.V.        S.E.        Rec.N    N
 1.852926  36.33187    0.5859465   10       10
valyの基本統計量
 Min.      1st Qu.     Median.     Mean     3rd Qu.    Max.     NA's    Var.
 3         4           5           4.9      6          7        0       1.877778
 S.D.      C.V.        S.E.        Rec.N    N
 1.37032   27.96572    0.4333333   10       10
```

valx,valyのピアソンの相関係数

```
        Pearson's product-moment correlation

data:  peardt[, "valx"] and peardt[, "valy"]
t = 2.2177, df = 8, p-value = 0.0574
alternative hypothesis:  coef is not equal to 0
sample estimates:
      cor
 0.6170161
```

Explanation ソースプログラムの説明

```
#
  cat("valx,valyの相関係数と検定\n")           # 計算の表示
  wostd3332x<-stdcomp(peardt[,"valx"])        # valxの基本統計量計算をする
  wostd3332y<-stdcomp(peardt[,"valy"])        # valyの基本統計量計算をする
  wcor3332<-cor.test(                         # 相関係数の計算と検定
                peardt[,"valx"],              # X軸データ
                peardt[,"valy"],              # Y軸データ
                alt = "two.sided")            # 無相関の検定指示
#-------  --------
#|         |
#|         +-- 相関係数と検定の計算指定
#+-- 結果保存名
                                              # 集計・検定結果出力
  cat("valxの基本統計量\n")                    # タイトル出力
  print(wostd3332x)                           # val1基本統計量の出力
  cat("valyの基本統計量\n")                    # タイトル出力
  print(wostd3332y)                           # val2基本統計量の出力
  cat("valx,valyのピアソンの相関係数\n")        # 計算タイトルの表示
  print(wcor3332)                             # 結果の出力
```

3.3.4 回帰分析

ここでは、直線回帰のみを説明する。また、それに伴う散布図・回帰直線・信頼区間のグラフ出力について説明する。

CASE

データには、「3.3.3 Pearsonの相関係数」の項のデータを使って回帰分析をする。("peardt"のデータは、source("t333st.ssc")を使用して作成する。)

>peardt

dtno	valx	valy
1	8	6
2	7	5
3	6	7
4	6	6
5	6	4
6	5	5
7	4	6
8	4	3
9	3	4
10	2	3

回帰係数の計算方法には、"lsfit"および"glm"の2通りある。

(1) lsfitを使用する場合

Example ソースプログラム "kaik3341.ssc"を以下のように作成する。

```
wlsfit3341<-lsfit(peardt[,"valx"],peardt[,"valy"])    # 回帰係数の計算
cat("peardt  y = a + bx の直線回帰係数¥n")              # タイトル表示
print(wlsfit3341$coef)                                 # 結果表示
                                                       # グラフ出力
plot(peardt[,"valx"],peardt[,"valy"],pch="*")          # 散布図表示
abline(wlsfit3341)                                     # 回帰直線表示
```

上記のソースを実行するには、Sのコマンドウィンドウで以下のように入力する。グラフの出力例も次ページに添付する。

>win.graph()　　不要な場合が多い
>source("kaik3341.ssc")

```
peardt  y = a + bx の直線回帰係数
Intercept              X
 2.572816       0.4563107
```

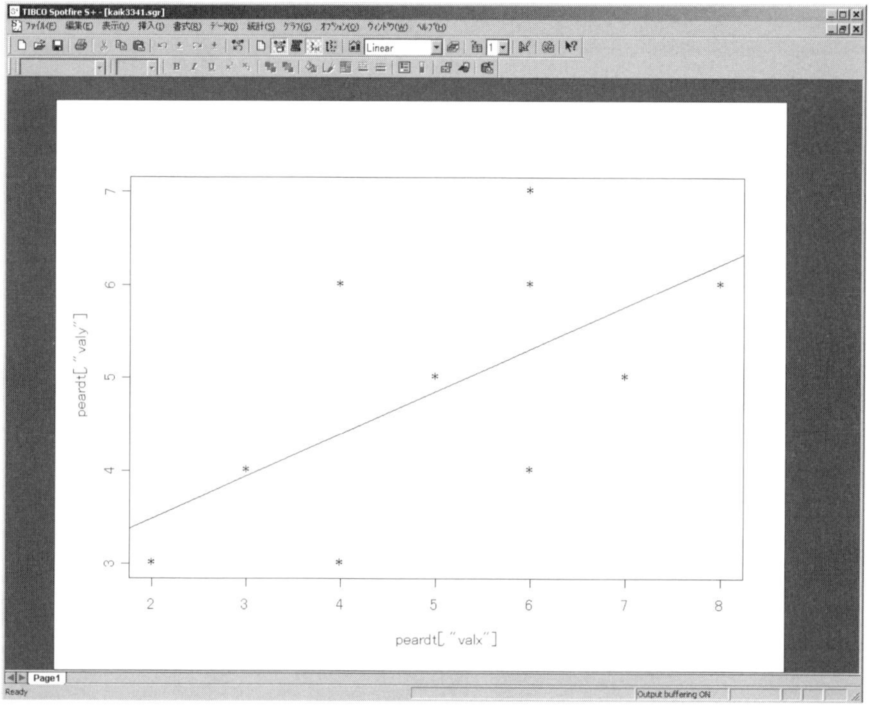
TIBCO Spotfire S+ - [kaik3341.sgr]
Linear
peardt["valy"]
3
4
5
6
7
2
3
4
5
6
7
8
peardt["valx"]
Page1
Ready
Output buffering ON

Explanation ソースプログラムの説明

```
  wlsfit3341<-lsfit(peardt[,"valx"],peardt[,"valy"])        # 回帰係数の計算
#---------- ---- --------------   --------------
#|          |    |                |
#|          |    |                +-- Y軸データ
#|          |    +-- X軸データ
#|          +-- 回帰
#+-- 結果の保存名
  cat("peardt   y = a + bx の直線回帰係数¥n")                # タイトル表示
  print(wlsfit3341$coef)                                    # 結果表示
#---- ---------------
#|    |
#|    +-- 回帰係数($coefは固定)
#+-- 表示指示
                                                            # グラフ出力
  plot(peardt[,"valx"],peardt[,"valy"],pch="*")             # 散布図表示
#--- --------------- ---------------  --------
#|    |               |                |
#|    |               |                +-- プロット表示文字
#|    |               +-- Y軸変数
#|    +-- X軸変数
#+-- 散布図表示指示
  abline(wlsfit3341)                                        # 回帰直線表示
#------ ----------
#|      |
#|      +-- lsfitの結果
#+-- 回帰直線表示
```

(2) glm を使用する場合（一般化線形モデルを使用）

Example ソースプログラム "kaik3342.ssc" を以下のように作成する。

```
attach(peardt)                          # data.frameの変数を直接参照指定
wglm3342<-glm(valy~valx)                # 回帰係数の計算
cat("peardt   y = a + bx の直線回帰係数\n")   # タイトル表示
print(wglm3342)                         # 結果表示
                                        # グラフ出力
par(pch="*")                            # プロット表示文字
plot.gam(wglm3342,se=T,residuals=T,ask=F,rugplot=F)  # 散布図・回帰直線・信頼曲線
detach("peardt")                        # 直接参照をやめる
```

上記のソースを実行するには、Sのコマンドウィンドウで以下のように入力する。グラフの出力例も次ページに掲載する。

>win.graph()   不要な場合が多い
>source("kaik3342.ssc")

```
[1] "peardt"
peardt   y = a + bx の直線回帰係数
Call:
glm(formula = valy ~ valx)


Coefficients:
 (Intercept)       valx
    2.572816 0.4563107


Degrees of Freedom: 10 Total; 8 Residual
Residual Deviance: 10.46602
```

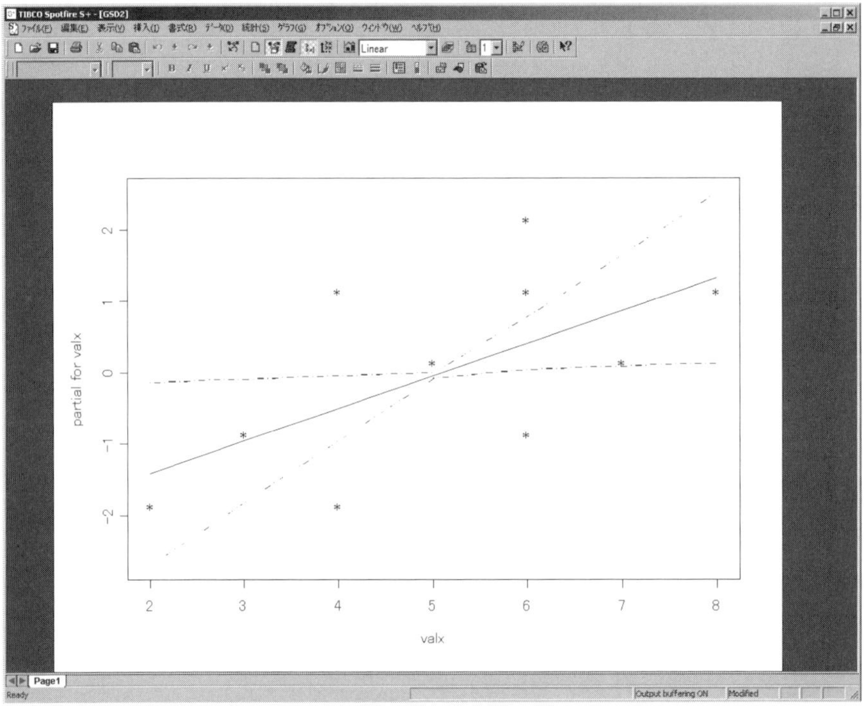
TIBCO Spotfire S+ - [GSD2]
Linear
partial for valx
valx
2
1
0
-1
-2
2
3
4
5
6
7
8
Page1
Ready
Output buffering ON
Modified

Explanation ソースプログラムの説明

```
  attach(peardt)                              # data.frameの変数を直接参照指定
#----- -------
#|      |
#|      +-- 変数を直接参照するdata.frameオブジェクト
#+-- 変数を直接参照する
  wglm3342<-glm(valy~valx)                    # 回帰係数の計算
#--------   ---  ----------
#|          |    |
#|          |    +-- 一般化線形モデル式
#|          +-- 一般化線形モデル
#+-- 結果保存名
  cat("peardt  y = a + bx の直線回帰係数\n")  # タイトル表示
  print(wglm3342)                             # 結果表示
                                              # グラフ出力
  par(pch="*")                                # プロット表示文字
  plot.gam(wglm3342,se=T,residuals=T,ask=F,rugplot=F)  # 散布図・回帰直線・信頼曲線
#--------  --------  ---------------------  ---------
#|         |         |                      |
#|         |         |                      +-- 対話指示をしない
#|         |         +-- 信頼曲線表示の指示等
#|         +-- glmの結果
#+-- 散布図・回帰直線・信頼曲線の指示
  detach("peardt")                            # 直接参照をやめる
#------ -------
#|       |
#|       +-- 変数の直接参照をやめるdata.frameオブジェクト
#+-- 変数の直接参照をやめる
```

3.3.5 分散分析（一元配置）

ここでは、一元配置のみについて説明する。

CASE

以下のようなデータを使って上記の計算をする。("t3351dt"のデータは、source("t3351st.ssc")を使用して作成する。)

>t3351dt

	dtno	group	val1
1	1	1	13
2	2	1	11
3	3	1	6
4	4	2	11
5	5	2	10
6	6	2	7
7	7	2	7
8	8	2	5
9	9	3	8
10	10	3	7
11	11	3	5
12	12	3	5
13	13	3	4
14	14	3	3
15	15	3	3

Example ソースプログラム "anov3351.ssc"を以下のように作成する。

```
waov3351dt1 <- t3352dt                          # workに変換
                                                # groupの水準設定
waov3351dt1[,"group"]<-category(waov3351dt1[,"group"],levels=c(1,2,3))
#
attach(waov3351dt1)                             # 変数名の参照指定
waov3351<-aov(val1~group)                       # 分散分析モデル指定
wanova3351<-anova(waov3351)                     # 分散分析
cat("anova3351 分散分析(一元配置)\n")            # タイトル表示
print(wanova3351)                               # 結果表示
detach("waov3351dt1")                           # 変数名不参照指定
```

上記のソースを実行するには、Sコマンドウィンドウで以下のように入力する。

>source("anov3351.ssc")

```
anova3351 分散分析(一元配置)
Analysis of Variance Table
```

```
Response: val1
Terms added sequentially (first to last)
          Df  Sum of Sq  Mean Sq  F Value    Pr(F)
   group   2     60         30       5     0.0263361
Residuals 12     72          6
```

Explanation ソースプログラムの説明

```
waov3351dt1 <- t3352dt                    # workに変換
waov3351dt1[,"group"]<-category(waov3351dt1[,"group"],levels=c(1,2,3))  # groupの水準設定
#---------------   -------  ----------------   -------------
#|                 |        |                  |
#|                 |        |                  +-- 水準の値
#|                 |        +-- 水準化する変数
#|                 +-- 変数の水準化
#+-- 水準化される変数
#
  attach(waov3351dt1)                     # 変数名の参照指定
  waov3351<-aov(val1~group)               # 分散分析モデル指定
#--------   ---  ----  ------
#|          |    |     |
#|          |    |     +-- 水準化されている要因
#|          |    +-- 反応変数
#|          +-- Fit an Analysis of Variance Model
#+-- 結果の保存名
  wanova3351<-anova(waov3351)             # 分散分析
#----------  -----  ---------
#|           |      |
#|           |      +-- aovの結果
#|           +-- 分散分析
#+-- 結果保存名
  cat("anova3351 分散分析(一元配置)\n")   # タイトル表示
  print(wanova3351)                       # 結果表示
  detach("waov3351dt1")                   # 変数名不参照指定
```

第4節　グラフ

ここでは、Sのグラフ関数の詳細ではなく、同一個体の実測値をプロットして時系列に線を結ぶ基本のグラフを書くためのデータ加工とグラフ作成について説明する。

3.4.1　実測値プロット（測定データの日付をX軸に）

CASE

以下のようなデータがある。このデータを作成・加工し、グラフを作成する手順について説明する。("gdt411"のデータは、source("t411st.ssc")を使用して作成する。)

```
> source("t411st.ssc")
データ番号      月      測定値      月      測定値    …    …
  dtno        month1    val1     month2    val2    …    …
>gdt411
```

	dtno	month1	val1	month2	val2	month3	val3	month4	val4	month5	val5	month6	val6
1	1	2	493	4	582	6	530	8	497	10	711	12	565
2	2	2	929	4	730	6	493	8	524	10	414	12	877
3	3	2	497	4	581	6	382	8	330	10	534	12	1134
4	4	2	432	4	615	6	451	8	392	10	1437	12	1442
5	5	2	729	4	818	6	463	8	440	10	437	12	550

X軸を月・Y軸を測定値としてグラフを書く場合、上記のデータを以下のように変換すると、同一個体の時系列データを結ぶことができる（個体が変わるときは、「NA NA」となっている）。

x	y
2	493
4	582
6	530
8	497
10	711
12	565
NA	NA
2	929
4	730
6	493
8	524
10	414
12	877
NA	NA

2	497
4	581
6	382
8	330
10	534
12	1134
NA	NA
2	432
4	615
6	451
8	392
10	1437
12	1442
NA	NA
2	729
4	818
6	463
8	440
10	437
12	550
NA	NA

Example ソースプログラム "gpl411.ssc" を以下のように作成する。

```
#                                                      # 月の変数名
  monthnm   <- c("month1","month2","month3","month4","month5","month6")
#                                                      # 測定値名
  valnm     <- c("val1","val2","val3","val4","val5","val6")
  recn      <- dim(gdt411)[1]                          # 行数の取得
  wgpl411x  <- cbind(gdt411[,monthnm],rep(NA,recn))    # X軸データの抽出&NA
  wgpl411y  <- cbind(gdt411[,valnm],rep(NA,recn))      # Y軸データの抽出&NA
  wgpl411xt <- as.numeric(t(wgpl411x))                 # X軸データの転値
  wgpl411yt <- as.numeric(t(wgpl411y))                 # Y軸データの転値
  dim(wgpl411xt) <- NULL                               # ベクトル化
  dim(wgpl411yt) <- NULL                               # ベクトル化
#                                                      # グラフ表示
  par(pch="*")                                         # plot文字
  plot(wgpl411xt,wgpl411yt,bty="o",lty=1,lwd=1,type="o",xlab="month",ylab="val")
#
```

上記のソースを実行するには、Sのコマンドウィンドウで以下のように入力する。
```
>win.graph()　不要な場合が多い
>source("gpl411.ssc")
```

グラフウィンドウが開き、以下のようなグラフが表示される。

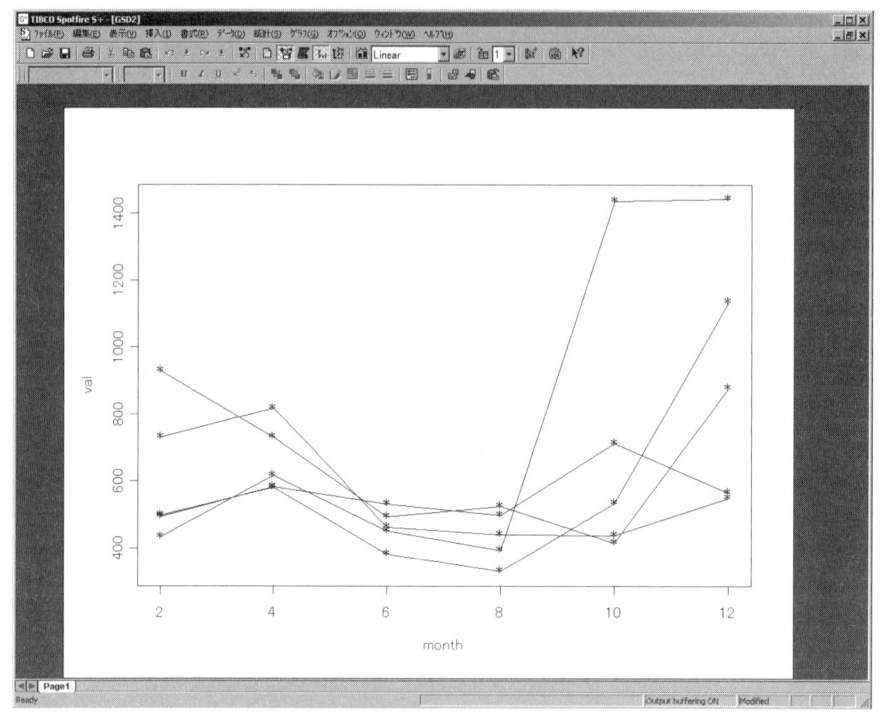

> **Explanation** ソースプログラムの説明

```
  monthnm   <- c("month1","month2","month3","month4","month5","month6")    # 月の変数名
  valnm     <- c("val1","val2","val3","val4","val5","val6")                # 測定値名
  recn      <- dim(gdt411)[1]                         # 行数の取得
  wgpl411x  <- cbind(gdt411[,monthnm],rep(NA,recn))   # X軸データの抽出&NA
#--------   -----  ----------------  -------------
#|             |        |                 |
#|             |        |                 +-- 行の数だけNAを作る
#|             |        +-- 月のデータを抽出
#|             +-- 列方向の結合
#+-- 保存名
  wgpl411y  <- cbind(gdt411[,valnm],rep(NA,recn))     # Y軸データの抽出&NA
#--------   -----  --------------  ------------
#|             |        |                 |
#|             |        |                 +-- 行の数だけNAを作る
#|             |        +-- 測定値のデータを抽出
#|             +-- 列方向の結合
#+-- 保存名
  wgpl411xt <- as.numeric(t(wgpl411x))                # X軸データの転値
# -----------   -----------------------
#|                    |
#|                    +-- X軸データの転値(行と列の入れ替え)と数値化
#+-- 保存名
  wgpl411yt <- as.numeric(t(wgpl411y))                # Y軸データの転値
# -----------   -----------------------
#|                    |
#|                    +-- Y軸データの転値(行と列の入れ替え)と数値化
#+-- 保存名
  dim(wgpl411xt) <- NULL                              # ベクトル化
  dim(wgpl411yt) <- NULL                              # ベクトル化
#                                                     # グラフ表示
  par(pch="*")                                        # plot文字
```

```
plot(wgpl411xt,wgpl411yt,bty="o",lty=1,lwd=1,type="o",xlab="month",ylab="val")
#---- --------- -------- ------- ----- ----- ------- ----------- ----------
#|     |         |        |       |     |     |       |           |
#|     |         |        |       |     |     |       |           +-- Y軸ラベル
#|     |         |        |       |     |     |       +-- X軸ラベル
#|     |         |        |       |     |     +-- プロットと線プロット
#|     |         |        |       |     +-- 線の幅
#|     |         |        |       +-- 線の形式
#|     |         |        +-- 外枠の形式
#|     |         +-- Y軸データ
#|     +-- X軸データ
#+-- 散布図と線プロット
```

付録

A. よく使われる関数・命令
B. 例題（ダウンロードファイル）の内容

付録A よく使われる関数・命令

データ読み込み
  scan, read, restore

データ加工
  rep, seq, :
  c, cbind, rbind
  matrix, data.frame, list
  unique, sort, order, rev, match
  t

行名・列名・データサイズ等
  names, dimnames, dim, length

文字列
  nchar, substring, paste

表示・出力
  sink
  cat, print, write
  format, round
  dump

属性
  attributes, attr, mode
  as.matrix, as.na, as.character, as.numeric, as.list
  is.matrix, is.na, is.character, is.numeric, is.list

制御
  if, else, ifelse, for, in, while, next, brake

環境
  attach, detach, options

オブジェクトの存在
  objects

関数
　args, function, return

プログラムの読み込み
　source

特殊名称
　NULL, NA, TRUE(T), FALSE(F)

as.character(オブジェクト名)：文字型にする

as.list(オブジェクト名)　　　：リスト型にする

as.matrix(オブジェクト名)　　：行列にする

as.character(オブジェクト名)：文字型にする

as.numeric(オブジェクト名)　：実数型にする

attach(file,pos=2)：検索リストに新しいディレクトリ・オブジェクトの追加
　引数　　　file　：検索リストに追加するディレクトリ名・オブジェクト名
　　　　　　pos　 ：検索リストの位置指定
　例　　　　attach("/HOME/txtdt")　# 検索リストに"/HOME/txtdt"を追加
　　　　　　attach()　　　　　　　 # 現在の検索リストを表示
　　　　　　attach(x)　　　　　　　# 計算式指定のため検索リストにオブジェクトxを追加
　逆の命令　detach

attr(x,which)：オブジェクトの属性
　引数　　　x　　　：オブジェクト名(ユーザー指定の文字列)
　　　　　　which ：属性の一つを指定する文字列
　　　　　　　　　　length, mode, names, dim, dimnames, tsp, levels
　例　　　　attr(x,"dimnames")　　　　# dimnames(x)と同等
　　　　　　attr(x,"doc")<-doc　　　　# 解説も一緒にする

`attributes(x)`：オブジェクトのすべての属性
　引数　　　　x：オブジェクト名
　例　　　　　`attributes(x)`　　　　　　# xのすべての属性を得る
　　　　　　　`names(attributes(x))`　　 # xのすべての属性名を得る

`break`：反復制御

`c(.....)`：いくつかのオブジェクトをまとめる（combine）
　例　　　　　`c(1:10,1:5,1:10)`
　　　　　　　`c(1,2,3,4,7,8,9,11)`

`cat(...,file="",sep=" ",fill=FALSE,labels=,append=FALSE)`：
　　　　　　　　　　　　　　　　　　　　　　　　　任意のオブジェクトの表示
　引数　　　　`file`　　：端末表示の代わりにファイルに出力
　　　　　　　`sep`　　 ：フィールド・セパレータ
　　　　　　　`fill`　　：`TRUE` − `options`の`width`の文字数で改行する
　　　　　　　　　　　　 `FALSE` − `width`の文字数で改行しない
　　　　　　　`labels`：各行の頭に付けるラベル
　　　　　　　`append`：`TRUE` − 追加出力
　　　　　　　　　　　　 `FALSE` − 新規出力

`cbind(...)`：列（columns）方向の結合
　引数　　　　任意の数のベクトル、行列

`date()`：現在の日付と時刻を取得

`detach(what=2)`：特定のオブジェクト・ディレクトリを検索リストから外す
　引数　　　　`what`　：文字列ならばオブジェクト・ディレクトリとする。整数なら
　　　　　　　　　　　　その位置のディレクトリを外す。
　例　　　　　`detach("abc")`
　　　　　　　`detach(what=3)`
　逆の命令　　`attach`

`dev.list()`：グラフィック・デバイス・リストの取得

`dev.off()`：グラフィック画面を閉じる
　引数　　　　無指定　：カレントのグラフィック画面が対象（dev.off()）
　　　　　　　整数　　：指定番号のグラフィック画面が対象（dev.off(3)）
　逆の命令　　`win.graph()`

```
dim(x)```：オブジェクトの次元
    引数      x              ：任意のオブジェクト
    値        xの次元のベクトルかNULL
    例        dim(x)[1]      ：行数
              dim(x)[2]      ：列数
              dim(x) <- 値   ：次元を与えられた値にする

```dimnames(x)```：オブジェクトの軸名
    引数      x              ：任意のオブジェクト
    値        dim(x)と同じ長さのリストかNULL
    例        dimnames(x)
              dimnames(x)[[1]]
              dimnames(x)[[2]]
              dimnames(x) <- NULL
              dimnames(x) <- list(c("row1","row2","row3"),c("col1","col2","col3"))
              dimnames(x)[[1]] <- c("row1","row2","row3")
              dimnames(x)[[2]] <- c("col1","col2","col3")

```dump(list,fileout="dumpdata")```：SオブジェクトをASCIIテキストとしてファイル出力
    引数      list           ：ファイルに出力するオブジェクト名の文字列ベクトル
              fileout        ：出力ファイル名
    以下の例は、異機種間やディレクトリ間のオブジェクトの移動に有効
              dump(ls(),fileout="all.obj")：すべてのオブジェクトをテキストとし
                                            て"all.obj"に出力
              restore("all.obj")          ："all.obj"をオブジェクトとし
                                            て復元する

```frame()```：グラフィック画面の消去、次の画面に進む

```function()```：関数定義の開始

```is.character(オブジェクト名)```：文字型の判定

```is.list(オブジェクト名)```     ：リスト型の判定

```is.matrix(オブジェクト名)```   ：行列の判定

```is.character(オブジェクト名)```：文字型の判定
```

```
is.numeric(オブジェクト名)    :実数型の判定

is.na(オブジェクト名)         :欠損値の判定

length(x):ベクトルとリストの長さ(要素数)
   引数      x           :任意のオブジェクト

list(.....):リスト・オブジェクト
   引数      任意の数のSオブジェクト。名前=値でリストの成分名を与えられる。

matrix(data=NA,nrow=,ncol=,byrow=FALSE,dimnames=):
   引数      data        :行列の各要素となるベクトル
             nrow        :行数
             ncol        :列数
             byrow       :TRUE-行単位で行列を作る
                          FALSE-列単位で行列を作る

mode(x)    :オブジェクトの型

names(x)   :オブジェクトの名札属性

ncol(x)    :行列の列数

nrow(x)    :行列の行数

objects(where=1,frame=NULL,pattrn=):現在あるオブジェクト名のリスト
   引数      where       :検索パス番号
             frame       :フレーム番号
             pattrn      :ワイルドカード指定も可

order(...):整列化の順序を求める
   引数      任意の数のベクトル(すべて同一の長さ)
   値        整列化する添え字ベクトル

options(...):環境設定と設定値の表示
   詳細は、マニュアル参照。

par(...):作図パラメータ
   詳細は、マニュアル参照。
```

```
paste(...,sep=" ",collapse=)：いくつかのベクトルを文字列として接着する
  引数      任意の数の原子オブジェクト
            sep        ：フィールド・セパレータ
            collapse   ：結果を一つにまとめる(指定した文字をセパレータとして)

print(x,digits=,quote=TRUE,prefix="")：データの表示
  引数      x          ：任意のSオブジェクト
            digits     ：数値を表示するときの有効桁数(20以内)
            quote TRUE ：文字列を二重引用符でくくる
            FALSE      ：くくらない
            prefix     ：xがリストのときに要素名に付ける接頭字

rep(x,times=,length=)：何回か値を複製(replicate)したベクトルを作る
  引数      x          ：ベクトル
            times      ：xの値を複製する回数
            length     ：作成するベクトルの長さ

rbind(...)：行(row)方向の結合
  引数      任意の数のベクトル、行列

restore("file")：ダンプしたオブジェクトを元に戻す
  引数      "file"     ：ファイル名
  参照      dump       ：dump、restoreのペアで使用する

remove(list, where=, frame=)：オブジェクトの削除
  引数      list       ：削除するオブジェクトの文字列ベクトル
            where      ：削除するディレクトリ(名前または番号)
            frame      ：削除するフレーム番号

round(x,digit=0)：四捨五入、丸め
  引数      x          ：実数型オブジェクト
            digit      ：正の値  小数点以下の桁数
                         負の値  整数部の桁数
  参照      signif     ：指定した有効桁数に丸める
```

scan：テキストデータの読み込み
scan(file = "", what = double(0), n = -1, sep = "",
     muti.line = F, flush = F, append = F, skip = 0, widths = NULL,
     strip.write = NULL)

引数		
	file	：読み込むデータの格納されているファイル名を指定
		"data/testdt1.txt"
	what	：読み込むデータの種類や項目名(列名)を指定する
	double(0)	：倍精度で読み込む
	list(v01=0,	：列名はv01で数値として読み込む
	v02=0,	：列名はv02で数値として読み込む
	v03=" ",	：列名はv03で文字として読み込む
	....	....
	v0x=0,	：列名はv0xで数値として読み込む
	vnn=0	：列名はvnnで数値として読み込む
	)	
	n	：読み込むデータの長さを指定する
	-1	：ファイルを最後まで読み込む
	10	：先頭から10項目を読み込む
	sep	：フィールドセパレータの指定
	","	：フィールドセパレータを「,」(カンマ)とする
	"¥t"	：フィールドセパレータをタブとする
	" "	：フィールドセパレータを「　」(スペース)とする
	skip	：読み込むファイルの中で読み込まない先頭からの行数を指定する
	0	：すべての行を読み込む
	100	：先頭から100行を読み飛ばす
	widths	：固定長データを読み込む場合の各項目の桁数を指定する
		widths = c(2, 5, 4, ... 7, 5)

search()：検索パスの表示

```
seq(from=,to=,by=,length=,along=)：等差数列の発生
   引数      from         ：開始する値
            to           ：終了する値
            by           ：数列の初項
            length       ：数列の末項
            along        ：任意のオブジェクト
   例       seq(5)       # c(1,2,3,4,5)と同じ
            1:5          # c(1,2,3,4,5)と同じ
            5:1          # c(5,4,3,2,1)と同じ
            seq(0,1, .01)# c(0, .01, .02, .03, .........,1)と同じ
            seq(along=x)  # c(1,2,3,.....,length(x))と同じ
            seq(-pi,pi,length=100)  # -piからpiまでの100個の等差数列

signif(x,digit=6)：指定有効桁数に四捨五入、丸め
   引数      x            ：実数型オブジェクト
            digit        ：有効桁数
   参照     round

sink(file=,command=,append=FALSE)：出力を任意のファイルに切り替える
   引数      file         ：出力ファイル名
            command      ：出力を処理するUNIXコマンド
            append       ：TRUE   追加出力
                          FALSE  新規出力
   例       sink(file="abc")     # 出力をファイルabcにする
            sink()              # 出力を画面に戻す

sort(data)：整列化
   引数      data         ：ベクトルデータ

source(file, local=FALSE)：ファイルからSプログラムを読み込み実行する
   引数      file         ：ファイル名
            local        ：FALSE  プロンプト・レベル（フレーム1）で評価
                          TRUE   呼び出した関数の局所レベルで評価

t(x)：行列の転置 (transpose)

uniqe(x)：ベクトルの値の重複を除く

win.graph()：Windowsのグラフィック画面を起動
```

付録B 例題(ダウンロードファイル)の内容

　3.2.6の例題を実行するためのファイルは、サイエンティスト社のホームページ(http://www.scientist-press.com/11_317.html)よりダウンロードできる。
　ファイルのディレクトリ構造は、以下のとおりです。

```
￥TST
  ￥S+MAN
    |
    |--￥_data     :  オブジェクト格納
    |--￥graph     :  グラフファイル(各種形式)
    |--￥list      :  計算結果のリストファイル
    |--￥textdt    :  テストデータファイル
    |
    |---t*st.s     :  データセットアッププログラム
    |---t*.s       :  計算例題プログラム
    |---*.s        :  計算例題プログラム


  C:￥TST          :  各種テスト環境
    ￥S+MAN        :  プロジェクト別の起動ディレクトリ
      ￥bat        :  バッチファイル
      ￥doc        :  ドキュメント
      ￥list       :  リスト
      ￥log        :  logファイル
      ￥textdt     :  テキストデータ
```

参考文献

1) R. A. Becker, J. M. Chambers, A. R. Wilks : S言語I データ解析とグラフィックスのためのプログラミング環境．渋谷政昭，柴田里程訳．共立出版株式会社．東京．1991.
2) R. A. Becker, J. M. Chambers, A. R. Wilks : S言語II データ解析とグラフィックスのためのプログラミング環境．渋谷政昭，柴田里程訳．共立出版株式会社．東京．1991.
3) J. M. Chambers, T. J. Hastie : Sと統計モデル．柴田里程訳．共立出版株式会社．東京．1994.
4) 渋谷政昭，柴田里程 : Sによるデータ解析．共立出版株式会社．東京．1992.
5) 市原清志 : バイオサイエンスの統計学．南江堂．東京．1990.
6) Simon Day : 臨床研究用語辞典．佐久間昭編訳．株式会社サイエンティスト社．東京．2005.

■著者略歴

稲葉　弥一郎（いなば　やいちろう）
1972年　東京理科大学第二部 理学部 物理学科　卒業
システム設計開発業務：40年　技術計算業務：38年　統計解析業務：38年
製薬会社においてシステムの設計・開発・運用、および統計解析部門の実務と
コンサルタント、日揮ファーマサービス株式会社　データサイエンス部を経て、
現在、Inaba Consulting Office 代表
第一種情報処理技術者
日本計算機統計学会 評議員
臨床評価研究会（ACE）　会員（立ち上げ時の運営委員）

渡辺　裕治（わたなべ　ゆうじ）
2007年　日本大学 薬学部 卒業
2009年　日本大学大学院 薬学研究科 薬学専攻　修了
現在、日揮ファーマサービス株式会社　データサイエンス部　統計G
薬剤師

実践データ・ハンドリング **実務者のためのS言語入門**　ISBN978-4-86079-067-7

2013年9月20日　初版第1刷発行
　　著　者　　稲葉弥一郎・渡辺裕治
　　発行者　　中山昌子
　　発行元　　株式会社サイエンティスト社
　　　　　　　〒151-0051　東京都渋谷区千駄ヶ谷 5-8-10-605
　　　　　　　Tel. 03（3354）2004　Fax. 03（3354）2017
　　　　　　　Email: info@scientist-press.com
　　　　　　　www.scientist-press.com
　　印刷・製本　シナノ印刷株式会社

©Yaichiro Inaba, Yuji Watanabe, 2013　　　　　　　　　　　無断複製禁